云南“三沿”绿化主要树种与配置模式

云南省林业和草原科学院

马建忠　主编

中国林业出版社

图书在版编目(CIP)数据

云南“三沿”绿化主要树种与配置模式/马建忠主编.
—北京:中国林业出版社,2020.12
ISBN 978-7-5219-0935-7

Ⅰ.①云… Ⅱ.①马… Ⅲ.①绿化-主要树种-调查研究-云南 Ⅳ.①S79

中国版本图书馆 CIP 数据核字(2020)第 252844 号

出版 中国林业出版社(100009 北京西城区刘海胡同 7 号)
http://www.forestry.gov.cn/lycb.html
E-mail forestbook@163.com 电话 010-83143596
印刷 三河市双升印务有限公司
版次 2020 年 12 月第 1 版
印次 2020 年 12 月第 1 次
开本 710mm×1000mm 1/16
印张 11.5 **彩插** 8 面
字数 201 千字
定价 60.00 元

《云南“三沿”绿化主要树种与配置模式》
编写委员会

主　　任：钟明川

副 主 任：姜远标　刘云彩　贠新华　陈建洪

委　　员：温绍龙　孟广涛　张劲峰　赵一鹤　闫争亮
宁德鲁　郭永清　苏尔广　杨德军　杨文忠
习学良　陈　福

主　　编：马建忠

副 主 编：戴益源　李甜江　张良实

编写人员：李　江　苏俊武　陈　强　张劲峰　司马永康
王　磊　李勇杰　孙亚丽　宁德鲁　李云琴
王黄倚君

前 言

2015年1月和2020年1月，中共中央总书记习近平先后两次到云南考察，并作重要讲话，要求云南“主动服务和融入国家发展战略，闯出一条跨越式发展的路子来，努力成为我国民族团结进步示范区、生态文明建设排头兵、面向南亚东南亚辐射中心，谱写好中国梦的云南篇章”。

2020年春节前夕，习总书记在云南考察时再次嘱托云南发挥好排头兵、桥头堡作用，指出云南是“植物王国”“动物王国”和“世界花园”。其实，早在2018年7月23日，云南省生态环境保护大会强调：深入学习贯彻习近平生态文明思想和全国生态环境保护大会精神，切实扛起“把云南建设成为中国最美丽省份”的时代使命，全面提升生态文明建设水平，筑牢国家西南生态安全屏障，为建设美丽中国作出新的更大贡献。此次大会明确提出要打赢蓝天、碧水、净土三大保卫战，突出重点打好8个标志性战役；持续改善生态环境质量，完成8项环境治理重大工程。推动形成绿色发展方式和生活方式，改革完善生态环境治理体系，并全面加强党对生态环境保护的领导。深入落实总书记关于云南要争当全国生态文明建设排头兵的伟大指示，扛起这份历史责任。大会响亮地提出了要实现五美——生态美、环境美、城市美、乡村美、山水美，把云南建设成为中国最美丽的省份。

林业是生态建设的主体，林业人是生态建设与保护的主力军。通过几代林业人的努力实现了云南省国土近60%的森林覆盖，这是云南省建设中国最美丽省份的重要基础，但要让云南大地变美，仍有许多重要的工作要完成。云南省委、省政府对林业工作提出了明确的要求,必须作为主要部门打好生态保护修复攻坚战,有 4 项具体工作:一是划定并严守生态保护红线;二是加强生物多样性保护;三是建立以国家公园为主体的自然保护体系;四是开展大规模国土绿化行动。其中第四项具体工作是林业部门的职责所在,是必须独立完成的。

开展大规模国土绿化行动有 8 项具体任务:一是精心规划设计,广泛开展沿路、沿河(湖)、沿集镇"三沿"造林绿化活动,结合全域旅游,在重点交通干线打造一批有特色的林荫大道、鲜花大道和生态景观大道,在综合交通枢纽、旅游区、特色小镇等重点区域打造一批绿色精品工程;二是结合水源地保护和九大高原湖泊保护治理开展绿化、统筹实施流域森林保护与建设,提高水源涵养能力;三是加强城市绿化,提高城镇面山林木覆盖,在城市功能疏解、更新和调整中,将腾退空间优先用于留白增绿;四是保留乡村风貌,留住田园乡愁,全面开展乡村绿化美化工程,加强原生植被、自然景观、古树名木、小微湿地保护,坚决制止开山毁林、填塘造地等行为,积极推进荒山荒坡造林和露天矿山综合整治;五是优化林分结构,适地适树实施森林抚育、低效林改造、国家储备林、珍贵用材林基地建设等项目,提高森林质量,展现植被立体分布特征和多样性特点,尽快淘汰速生桉树林;六是坚持人工造林与封育自然修复相结合,着力推进退耕还林还草、防护林建设、石漠化治理等工程,带动扩大营造林规模;七是全民动员开展义务植树,丰富全民义务植树尽责形式;八是到 2020 年,争创国家级森林城市 5 个,创建省级森林城市、县城 10 个。

当前云南省林业面临林业生态总体改善与局部退化并存、林业资源保护与开发利用矛盾突出、森林质量不高、林业综合生产能力低等方面的问题,根据习近平总书记提出的"两山"(绿水青山就是金山银山)和"三库"(森林是水库、钱库、粮库)新要求,为云南省的生态建设和经济建设指明目标和方向。特别是在以生态立省、旅游强省的云南,"三沿"(沿路、沿河、沿集镇)是全省经济发展的基础。

“三沿”的建设和绿化是云南对外的重要窗口。一直以来,“三沿”的绿化与保护是交通、城建与林业部门的工作重点,但由于云南公路多穿行于崇山峻岭间,立地条件相对薄弱,不易造林或是成活率不高,公路沿线的景观效果不理想。另外,由于各地区发展的侧重点不一,形成部分区域林分结构不合理,生态效果不理想,需重新更新。根据“三沿”林地、耕地特点,不同区域根据不同海拔配置不同树种,力争营造在不同时期有观花、观叶、观果各种景象的景观林,同时各种林木混交,强力保护“三沿”生态。“三沿”的绿化既要达到保护公路、铁路、河流、湖泊的目的,同时也是林农增收、提升云南旅游品质的一个途径,从而可真正实现“成林一带、保护一带,郁闭一带、景观一带”。

本书在形成过程中,通过走访相关部门、二手资料收集,在了解云南省集镇绿化总体现状的基础上,重点选择滇中、滇南、滇西北等旅游重点区域,进行了云南省典型地区绿化现状实地调查,开展了滇中、滇东北、滇东南、滇西滇西北、滇南滇西南五个区“三沿”的绿化树种的选择、景观配置典型模式、造林技术、抚育管理等现状调研。围绕云南省“建设中国最美丽省份”大规模绿化行动,在开展云南全区域“三沿”绿化美化林业科技需求调查研究上,提出了云南省“三沿”绿化美化行动中林业科技支撑的指导原则、技术路线、重点方向,从树种选择、造林模式、景观配置等方面进行研究,以期为林业主管部门编制规划和工程组织实施提供决策依据,并为下一步重点科研项目策划奠定基础。

编　者

2020 年 7 月

目　　录

第一章　云南省“三沿”绿化概况

云南“三沿”绿化指沿路、沿河湖、沿集镇的绿化工程，美化和保护道路沿线、江河沿岸及集镇四周的生态环境。近年来，云南省抓好国土绿化，持续推进重要“三沿”可视面山造林绿化。以六大水系、九大高原湖泊、大中型水库面山等为重点，加大人工造林、种草力度，力争森林覆盖率达到65%。以“四园两区一地”（各类国家公园、湿地公园、森林公园、地质公园和自然保护区、风景名胜区及自然遗产地）为重点开展生态系统“大保护”，切实加大保护力度，严厉打击违法违规行为。以加强森林、湿地和草原自然生态系统保护修复为主线，以“三沿”（沿路、沿河湖、沿集镇）绿化和景观提升为重点，深入实施重点生态建设工程，推进国土山川“大绿化”，筑牢生态安全屏障。大力发展坚果、生态旅游、林下经济等绿色富民产业，依托优势打造优质基地，推动林草产业“大发展”。在统筹各类自然保护地、筹措生态建设资金、集体林权三权分置等关键领域寻求突破，着力破解林业建设融资渠道单一、资金缺口大、保护地管理体系亟待完善等难题，全面增强内生动力。

2019 年云南省林业和草原工作会提出，广泛开展沿路、沿河（湖）、沿集镇“三沿”造林绿化活动，在重点交通干线打造一批有特色的林荫大道、鲜花大道和生态景观大道。以“三沿”为重点，开展大规模国土绿化行动。通过大规模增绿补绿，高标准打造昆明至丽江、昆明至西双版纳、昆明主城区至长水国际机场 3 条美丽公路，建好怒江美丽公路。将继续开展国土绿化行动，着力在滇池流域面山、城镇村庄面山、旅游景区、交通廊道重点区域开展绿化，提升城乡景观形象和绿色人居环境。

2019 年，云南省以“三沿”为重点，开展大规模国土绿化，全省完成营造林 715 万亩，义务植树 1.09 亿株。完成新一轮退耕还林还草和陡坡地生态治理 324 万亩，实施石漠化综合治理 89.54 万亩，完成长江、珠江防护林建设13.4万亩。建设国家储备林基地和特殊及珍稀林木培育基地5万亩。启动昆明至丽江、昆明至西双版纳高速公路绿化美化，开工建设率达100%，完成造林绿化3万亩。新增曲靖市、景洪市2个国家森林城市，建设森林乡村235个。以重要湿地、九大高原湖泊为重点，实施了湿地生态效益补偿、退耕还湿和湿地保护恢复等13个项目。启动人工种草生态修复试点，250万亩退化草原修复治理任务落实到了山头地块，草原综合植被盖度达到87.9%。全省森林覆盖率、森林蓄积量实现双增长，分别增长2.1个百分点、0.5亿 m^3，达到62.4%和20.2亿 m^3，林业草原产业总产值达到2309亿元。

为深入贯彻落实习近平生态文明思想和习近平总书记对云南工作的重要指示精神，云南财政立足于“努力将云南建设成为全国生态文明建设排头兵和中国最美丽省份”的战略定位，着力构建与生态文明建设相适应的财政支持政策体系，积极发挥财政政策资金在全省生态文明建设中的引导作用和乘数效应，谱写好云南省生态文明建设排头兵和最美丽省份建设的财政篇章。2019年11月，云南省财政厅印发《财政支持生态文明建设的实施意见》，从健全制度体系、构建长效投入机制、集中财力重点攻坚、创新优化支持方式4个方面，进一步明确财政支持生态文明建设的27项主要任务和43条重点举措，拨专项资金开展沿路、沿河(湖)、沿集镇“三沿”造林绿化活动，实施以景观提升、绿色廊道和增绿复绿为重点的美丽公路建设，以“路域”为重点整体提升美丽公路沿线绿化水平。

2019年11月，云南省颁布《云南省公益林管理办法》，其规定为深入践行“绿水青山就是金山银山”的理念，紧扣建设中国最美丽省份的战略定位，贯彻落实省委、省政府以“三沿”绿化和景观提升为重点开展国土山川大绿化的部署，巩固绿化成果，并将造林成果纳入公益林管理。

云南省正全力实施国土绿化，推进乡村振兴，着力开展村旁、宅旁、水旁、路旁“四旁”绿化美化，促进美丽乡村建设；着力推进沿路、沿河(湖)、沿集镇“三沿”绿化，打造森林生态景观长廊。积极推进路域环境绿化美化和环境提升，统筹沿线自然和人文景观，通过大规模增绿补绿，高标准打造美丽公路。加大集镇周边绿化力度，加快恢复城镇周边裸露地块、“五采区”、25°以上坡耕地等区域的林草植被，加强森林城市（县城）、国家储备林建设，深入开展城乡绿化美化行动，全力助推美丽县城和美丽乡村建设。加大营造林、天保工程公益林建设、退耕还林还草和陡坡地生态治理、防护林建设、湿地修复、退牧还草等工程项目实施力度，推动河湖周边生态改善。

一、云南“三沿”绿化的原则

（一）云南“沿路”绿化的原则

《云南省公路绿化管理规定》第四条规定，公路绿化是指利用乔木、灌木及花草等公路绿化物，对公路两侧边坡、分隔带及沿线空地等可绿化的公路用地进行合理覆盖的活动。高速公路和汽车专用一、二级公路的绿化，应当以栽植草皮和花卉为主，护栏内外栽植灌木或者花草，路肩上和中间隔离带内，不得栽植乔木。混合交通一、二级公路的绿化，一般按乔木与灌木结合栽植，乔木间距一般为6~7m，三、四级公路的绿化，按行列式栽植乔木或者灌木。栽植乔木的，其间距一般为3~4m，但弯道内侧和视线较差地段的间距应当为6~7m。

道路绿化景观设计结合道路实际情况进行整体考虑，包括道路的区域位置、道路性质、行车速度、交通流量、周边环境等，合理选择具有代表性的基调树种和主干树种，强调道路与绿化景观的整体性和统一性，同时设计要重点突出，又与整个区域的风格和谐统一。道路绿化植物配置宜以乡土树种为主，能更好地发挥生态功能，降低养管成本。可适当结合外来的适宜树种，做到适地适树。通过合理规划，体现植物的多样性，把道路建设成乔、灌、草多层立体结构的混交群落。

（二）云南“沿河湖”绿化的原则

沿河湖绿化的目的是“河畅、水清、岸绿、景美”，以提高河湖抗洪防浪能力为原则，兼顾生态、经济和社会效益，做到绿化、美化与防护相结合。合理搭配树种结构，将常绿树种与落叶树种有机结合、环境美化与经济发展有机结合起来，“三季有花、四季有景”，充分考虑植物的多样性;在进行河湖绿化景观建设时,创新传统的设计观念,将独特风格与河湖绿化景观设计相结合,设计更加新颖的河道绿化景观,从独特风格、生态、美观、绿化等多种角度进行考虑;合理筛选树种,在现状范围内对植物进行更新、保留、换种,尽可能保留原有树种,进行场地资源整合,最大限度发挥净化、减噪、防风等生态功能,延续场地记忆;独立的游憩步道融合用地与景观内部的植物群落特点,营造连绵的壮观场景,在追求生态功能的同时,运用空间分割的手法处理不同类型的植物空间,同时强调舒可走马、密不透风,或深远、或浅显的景观美感。

(三)云南“沿集镇”绿化的原则

随着经济的发展,工业、商业、运输业日趋发达,人口日益增加,使得集镇的自然环境逐渐被破坏,产生了一系列生态问题。发达国家和地区的实践证明,解决环境污染最有效、最经济的方法就是运用生态学理论指导集镇园林绿化建设,充分发挥绿色植物的功能。集镇绿化植物选择以地带性乡土树种为主,凸显地方特色,兼顾植物多样性,充分利用现有条件,因地制宜,就地取材,以植物的生态适应性和景观协调性作为树种选择的主要依据;遵循节地、节水、节能理念,提高绿化效能,降低养护成本,建设节约型园林绿化;遵循以人为本的原则,在进行道路绿化景观设计的过程中要着重人文主义精神,同时也要做到以人为本的精神与理念。这种理念应该体现在绿植总体的规划与设计中,在相关服务设施的安排、设置方面都要以满足人们的心理生理需求为核心出发点,自始至终体现人文关怀和以人为本的精神;绿地布局宜采取点、线、面相结合,以块状绿地为主的原则。由于人口密集和房地产业的兴起,集镇用地越来越紧张,可供建立大型公共绿地的土地很少,所以,提倡多建小游园、小绿地,成散点状布置,尽可能均匀分布,这样既方便集镇居民,又有利于改善环境;建设中做到高起点规划,高标准设计,高质量施工,高层次管理,提高园林艺术品味;集镇环镇围村林带以速生树种和乡土树种为主村镇道路绿化结合街道的建筑物布局特点,做到常绿树种与落叶树种相结合,实行多林种、多树种合理搭配,提高绿化的品位和档次居住区绿化在农户房前屋后及庭院,栽植用材林、苗木花卉等,发展庭院经济,绿化美化环境集镇公共场所，根据区域情况合理配置乔木、灌木、花、草以及藤等，形成多层次、错落有序的绿化美化格局。

二、“三沿”绿化的造林类型

根据“三沿”的不同地段、不同立地条件、不同需求设置为四种不同的造林类型。

（一）“三沿”防护林带

主要针对“三沿”面山坡度在25°以上林地，以生态建设保护为主，建立防护林带；林分以混交林为主。

（二）“三沿”景观林带

在旅游区或是进入旅游区域的公路、河流、湖泊、集镇和村庄沿线美化绿化。在立地条件允许的情况下多营造以不同时期可以观花、观叶、观果植物的林分，以达到旅途不忘观景、脚休眼不休，吸引游客的目的。

（三）“三沿”经济林带

对立地条件较好的地段，或是“三沿”附近的坡耕地，为增加农户收入，挑选生态和经济效益都较好的经济林树种进行发展。如，各种观赏植物或林果采摘园。

（四）“三沿”节点景观林

在“三沿”节点上营造较有观赏价值的景观林，以园林的形式建设，观花观叶为主。

三、云南“三沿”绿化的分区

立足于云南省地理的空间格局，根据不同气候、不同海拔，将全省的“三沿”分为5个区域。

(一)滇东北区“三沿”绿化

此区包含曲靖、昭通两个市。此区的森林类型的整体特征是:主要是暖性针叶林区和暖性阔叶林区;气候为高原季风气候类型,属北热带森林,全年气候温和,年温差不大,夏无酷热,冬无严寒,雨量较充足,但干湿明显;林下土壤大多为棕壤和黄棕壤,部分海拔较低区域则出现红壤和燥红土。

(二)滇中区“三沿”绿化

此区包含昆明市、玉溪市、楚雄彝族自治州(以下简称楚雄州)三个州市。此区的森林类型的整体特征是:主要为暖热性针叶林区和暖热性阔叶林区;气候为高原季风气候类型,属中亚热带森林,全年气候温和,年温差不大,夏无酷热,冬无严寒,雨量较充足,但干湿明显;林下土壤大多为山地红壤和紫色土。

(三)滇东南区“三沿”绿化

此区包含红河哈尼族彝族自治州(以下简称红河州)、文山壮族苗族自治州(以下简称文山州)两个地州。此区的森林类型的整体特征是:此区属热性阔叶林森林类型,具体应为湿润性雨林。热性阔叶林土壤,以发育在片麻岩、花岗岩、砂岩上的砖红壤为主,具有土层深厚,保水性能良好,生物小循环迅速,有机质分解快,土壤中有机质积累较少的特点。部分区域分布燥红土和石灰岩土,相较其他区域热量高,雨量集中,植被覆盖稀疏。热性阔叶林的森林特征是树冠不整齐、树冠颜色和形状多种多样、林内结构复杂,层次极不明显。

(四)滇南滇西南区“三沿”绿化

此区包含西双版纳傣族自治州(以下简称西双版纳州)、普洱市、临沧市、德宏傣族景颇族自治州(以下简称德宏州)四个州市。此区的森林类型的整体特征是:属热性阔叶林森林类型,具体应为季节性雨林。热性阔叶林土壤,以发育在片麻岩、花岗岩、砂岩上的砖红壤为主,具有土层深厚，保水性能良好，生物小循环迅速，有机质分解快，土壤中有机质积累较少的特点。部分区域分布燥红土和石灰岩土，相较其他区域热量高，雨量集中，植被覆盖稀疏。热性阔叶林的森林特征是树冠不整齐、树冠颜色和形状多种多样、林内结构复杂，层次极不明显。

（五）滇西滇西北区“三沿”绿化

此区包含大理白族自治州（以下简称大理州）、保山市、迪庆藏族自治州（以下简称迪庆州）、丽江市、怒江傈僳族自治州（以下简称怒江州）五个州市。地貌复杂多样，湖盆众多。由于地处低纬高原，在低纬度高海拔地理条件综合影响下，形成了低纬高原季风气候特点：年温差小，日温差大，年均气温为 14～17℃；降水充沛、干湿分明，分布不均，年降雨量 700～2100mm，气候的垂直差异显著。此区的森林类型的整体特征是：主要是温凉性针叶林区及寒温性阔叶林区，属南温带气候区；气候为高原季风气候类型，全年气候温凉，年温差不大，夏无酷热，冬无严寒，雨量较充足，但干湿明显；林下土壤大多为棕壤和黄棕壤。

第二章　滇东北区“三沿”绿化优化

一、区域概况

(一)自然概况

滇东北包括昭通和曲靖2个地区市的范围。在地形地貌上,滇东北处于云贵高原中部向北与四川盆地的结合部,而向南为滇东高原向黔西高原过渡地带的乌蒙山脉,西南与滇中高原湖盆地区紧紧相嵌,东部逐步向贵州高原倾斜过渡,中部为长江、珠江两大水系分水岭地带,高原面保存较好,形态完整,东南部具有典型的岩溶丘原景观。滇东北地势中部高,东北和东南低。最高点在中部巧家县药山,海拔达4040m,最低点在东北部水富县滚坎坝,海拔267m,相对高差达3773m。土壤有山地红壤、山地棕壤及黄壤、石灰(岩)土、干热河谷燥红土、水稻土和紫色土。

滇东北主要为亚热带高原季风气候,区域内群山林立,海拔差异较大,具有“一山分四季,十里不同天”的高原季风立体气候特征,海拔从低到高可以大体区分为热带、暖亚热带、温亚热带、暖温带和中温带等5个气候带。

1. 昭通市自然概况

昭通居于云岭高原与四川盆地的结合部,地处东经102°52′~105°19′,北纬26°55′~28°36′,东侧紧邻贵州省毕节市,南侧紧邻云南曲靖市,西侧紧邻四川凉山彝族自治州以金沙江为界相邻,北侧紧邻四川宜宾市以金沙江为界相邻,国土面积23021km^2。

昭通地势西南高、东北低,属典型的山地构造地形,山高谷深。市内平均海拔1685m,其中市政府驻地海拔1920m,最高海拔4040m(巧家县药山),最低海拔267m(水富县滚坎坝)。

昭通境内群山林立，海拔差异较大，具有高原季风立体气候特征。昭通境内四季差异较小，但是不同的海拔上气候有着较大的差异，海拔从高到低有高原气候、温带气候、亚热带气候之分，而在同一海拔上，昭通南部温度比北部高，湿度比北部低。

昭通全年平均气温在 11~21℃，最冷气温出现在 1 月，月平均气温在 1~12℃，最热温度出现在 7 月，月平均气温在 20~27℃。昭通降水比较丰富，但是南北分布不均，南干北湿，涝灾和旱灾时有发生。

昭通市因地形、地貌、气候、土壤等因素，植物资源丰富，有高等植物 151 科 457 属 1025 种（不含苔藓植物），草场植被资源有 174 科 1604 种。从南亚热带到北温带植物均有分布，其中国家一级保护植物 2 种，二级保护植物 24 种，三级保护植物 32 种。

2. 曲靖市自然概况

曲靖市位于云南省东部，地处珠江源头，和贵州、广西两省（自治区）交界，自古为内地入滇之重要门户，市境介于东经 103°03′~104°50′、北纬 24°19′~27°03′。曲靖主要为亚热带高原季风气候。一般具有冬春光照条件较好，春温不稳，风高物燥，降水不均；夏无酷暑，降水集中，涝旱兼有，风和日丽；秋季降温快，阴雨多；冬暖冬干，寒潮降温的气候特点，具有“一山分四季，十里不同天”的立体气候。多年平均气温 14.5℃。

曲靖市地处云贵高原中部滇东高原向黔西高原过渡地带的乌蒙山脉，西与滇中高原湖盆地区紧紧相嵌，东部逐步向贵州高原倾斜过渡，中部为长江、珠江两大水系分水岭地带，高原面保存较好，形态完整，东南部具有典型的岩溶丘原景观。市境属扬子地台的滇东褶皱带，地势西北高，东南低。

曲靖最高点在会泽县大海梁子牯牛寨，海拔 4017.3m，系乌蒙山脉主峰；最低点在会泽县娜姑镇王家山象鼻岭小江与金沙江汇合处，海拔 695m，相对高差 3322.3m。市政府所在地海拔 1881m。市境地貌以高原山地为主，间有高原盆地，高山、中山、低山、河槽和湖盆多种地貌并存。境内山岭河谷相间交错，地质构造复杂，地层发育较为齐全，碳酸盐岩石分布广、面积大，多溶洞和岩溶地貌，山脉有乌蒙山系和梁王山系，多呈北东—南北向或近南北向，大致可分为西列、中列和东列3个平行岭脊。境内多为高原山地，有万亩以上的坝子34个。其中陆良坝子771.99km²，为全省第一大坝子；曲沾坝子面积435.82km²，为全省第四大坝子。

曲靖市植物资源以亚热带植被为主，典型植被有常绿阔叶林、针叶林。植被组成复杂，常见的有松科、杉科、柏科、山茶科、壳斗科、大戟科等。由于历史原因和频繁人为活动，原生植被基本被破坏殆尽，取而代之的是天然次生植被和人工植被。

曲靖市有种子植物3955种，480变种，48个亚种，53个变型，分属199科1168属，占云南省的1/3。其中药用植物400余种，食用植物178种，工业用植物236种，花卉及观赏植物资源285种。有树蕨（*Alsophila spinulosa*）、野山茶（*Camellia pitardii*）、银杏（*Ginkgo biloba*）、红豆杉（*Taxus chinensis*）等40种珍稀濒危保护植物，其中国家保护的31种，省级保护植物9种。主要乔木树种有云南松（*Pinus yunnanensis*）、华山松（*Pinus armandi*）、油杉（*Keteleeria fortunei*）、杉木（*Cunninghamia lanceolata*）、黄杉（*Pseudotsuga sinensis*）、栎类等。主要经济林有梨（*Pyrus* spp.）、桃（*Amygdalus* spp.）、杏（*Armeniaca vulgaris*）、李子（*Prunus salicina*）、苹果（*Malus pumila*）、板栗（*Castanea mollissima*）、核桃（*Juglans regia*）等。常见的灌木林有火棘（*Pyracantha fortuneana*）、耐冬果（*Cotoneaster microphyllus*）、苦刺（*Solanum deflexicarpum*）、杨梅（*Myrica rubra*）、马桑（*Coriaria nepalensis*）、昆明小檗（*Berberis ferdinandi-coburgii*）等数十种。主要草种有白健杆（*Eulalia pallens*）、野古草属（*Arundinella*）、金茅属（*Eulalia*）、蜈蚣草（*Eremochloa ciliaris*）、菅草属（*Themeda*）等。野生菌种类较多，主要有鸡枞菌（*Collybia albuminosa*）、牛肝菌（*Boletus edulis*）、干巴革菌（*Thelephora ganbajun*）、松茸（*Tricholoma matsutake*）等。

（二）植被概况

根据相关统计，滇东北（2015）森林面积达205.7万hm²，森林覆盖率为39.63%。其中，滇东北北段的昭通市（2015）森林面积达80.5万hm²，森林覆盖率为34.98%。昭通（2010）竹类资源十分丰富，筇竹(*Qiongzhuea tumidinoda*)已达 1.33 万 hm^2,毛竹(*Phyllostachys heterocycla*)1128.48 万株。南段的曲靖市(2015)森林面积达 125.2 万 hm^2,森林覆盖率为 43.33%。滇东北森林植被主要为亚热带常绿阔叶林和落叶常绿阔叶混交林、暖性针叶林和暖温带落叶阔叶林。滇东北植物种类资源较丰富,根据统计报道,昭通市虽无具体的植物种类统计,但仅巧家县药山自然保护区内(2006)就已发现维管植物 1639 种,而曲靖市(2015)种子植物 3000 余种。

二、分区及特征

(一)热带半干旱和干旱区

本区热量充足,年平均温度在 20~23℃,年降水量在 600~850mm,由于蒸发量大,气候表现为半干旱和干旱。主要包括昭阳(海拔 490~620m)、巧家(海拔 600~1040m)和会泽(海拔 690~790m)等海拔在 490~1040m 的河谷地区。土壤为燥红土和红壤。地带性森林植被为落叶季雨林和干热河谷硬叶常绿阔叶林。

(二)暖亚热带半干旱区

本区热量较充足,年平均温度在 17~20℃,年降水量在 510~650mm。主要包括永善(海拔 320~770m)和昭阳(490~970m)等海拔在 320~970m 的河谷地区。土壤为燥红土和红壤。地带性森林植被为落叶季雨林和干热河谷硬叶常绿阔叶林。

(三)暖亚热带半湿润区

本区热量较充足,年平均温度在 17~20℃,年降水量在 700~990mm。主要包括绥江(海拔 300~320m)、威信(海拔 480~500m)、大关(海拔 540~710m)、彝良(海拔540~890m)、鲁甸(海拔 560~1080m)、镇雄(海拔 620~640m)、昭阳(海拔 1000~1200m)、巧家(海拔 1050~1580m)、宣威(海拔 920~1320m)、会泽(海拔 1000~1330m)和富源(海

拔1110~1260m)等海拔在300~1580m的山地地区。土壤为燥红土、红壤和石灰(岩)土。地带性森林植被为落叶常绿阔叶混交林。

(四)暖亚热带湿润区

本区热量较充足,年平均温度在17~20℃,年降水量在1010~1690mm。主要包括盐津(海拔330~490m)、绥江(海拔550~570m)、水富(海拔270~570m)、罗平(海拔720~1140m)和师宗(海拔730~1270m)等海拔在330~1270m的山地地区。土壤为黄壤和红壤。地带性森林植被为湿性常绿阔叶林。

(五)温亚热带半干旱和半湿润区

本区年平均温度在14~17℃,年降水量在590~1000mm。主要包括镇雄(海拔650~1180m)、大关(海拔720~1000m)、永善(海拔780~1320m)、彝良(海拔900~1430m)、鲁甸(海拔1080~1630m)、昭阳(海拔1000~1710m)、巧家(海拔1590~2140m)、宣威(海拔1330~1860m)、沾益(海拔1650~1700m)、马龙(海拔1700~1780m)、陆良(海拔1640~1970m)、会泽(海拔1340~1880m)和麒麟(海拔1840~1860m)等海拔在650~2140m的山地地区。土壤为燥红土、红壤和石灰(岩)土。地带性森林植被为半湿润常绿阔叶林。

(六)温亚热带湿润区

本区年平均温度在14~17℃,年降水量在1010~1770mm。主要包括盐津(海拔500~1030m)、威信(海拔510~1050m)、水富(海拔580~1100m)、绥江(海拔580~1110m)、大关(海拔720~1250m)、罗平(海拔1150~1690m)、富源(海拔1270~1800m)、师宗(海拔1280~1810m)、沾益(海拔1710~1990m)、马龙(海拔1790~1950m)和麒麟(海拔1870~1990m)等海拔在500~1990m的山地地区。土壤为黄壤、红壤和石灰(岩)土。地带性森林植被为湿性常绿阔叶林和半湿润常绿阔叶林。

(七)暖温带半湿润区

本区年平均温度在8~14℃,年降水量在690~990mm。主要包括镇雄(海拔1190~1700m)、永善(海拔1330~2410m)、彝良(海拔1440~2200m)、鲁甸(海拔1640~2200m)、昭阳(海拔1700~2610m)、会泽(海拔1890~2970m)等海拔在1190~2970m的山地地区。土壤为红壤。地带性森林植被为半湿润常绿阔叶林和寒温山地硬叶常绿阔叶林。

(八)暖温带湿润区

本区年平均温度在8~14℃,年降水量在1000~1890mm。主要包括盐津(海拔1040~2130m)、威信(海拔1060~1910m)、绥江(海拔1120~2060m)、大关(海拔1260~2340m)、镇雄(海拔1710~2270m)、昭阳(海拔1710~2800m)、彝良(海拔2210~2520m)、鲁甸(海拔2210~2720m)、巧家(海拔2150~3230m)、罗平(海拔1700~2470m)、富源(海拔1810~2750m)、师宗(海拔1820~2410m)、宣威(海拔1870~2870m)、马龙(海拔1960~2500m)、陆良(海拔1980~2690m)、麒麟(海拔2000~2460m)和沾益(海拔2000~2680m)等海拔在1040~3230m的山地地区。土壤为黄壤、红壤、棕壤和石灰(岩)土。地带性森林植被为半湿润常绿阔叶林、寒温山地硬叶常绿阔叶林和中山湿性常绿阔叶林。

(九)中温带半湿润和湿润区

本区年平均温度在2~8℃,年降水量在870~1470mm。主要包括盐津(海拔2140~2270m)、镇雄(海拔2280~2420m)、大关(海拔2350~2690m)、永善(海拔2420~3200m)、彝良(海拔2530~2690m)、鲁甸(海拔2730~3360m)、昭阳(海拔2810~3370m)、巧家(海拔3240~4050m)和会泽(海拔2980~4020m)等海拔在2140~4050m的山地地区。土壤为黄壤、红壤、棕壤和石灰(岩)土。地带性森林植被为寒温山地硬叶常绿阔叶林、中山湿性常绿阔叶林、温凉性针叶林、寒温性针叶林、山顶苔藓矮林。

三、备选树种及造林技术成熟度评价

(一)造林树种

此区主要造林树种见表 2-1。

表 2-1　滇东北“三沿”绿化主要树种

分区名	乔　木	灌　木
热带半干旱和干旱区	木棉、毛红椿、锥连栎、酸豆、新银合欢、台湾相思、苦楝、凤凰木、蓝花楹、劲直刺桐	车桑子、白刺花、余甘子、马鞍叶羊蹄甲、黄荆、光叶子花
暖亚热带半干旱区	锥连栎、木棉、岩柿、乌柏、构树、栓皮栎、凤凰木、蓝花楹、冬樱花、劲直刺桐	车桑子、马鞍叶羊蹄甲、黄荆、华西小石积、白刺花、光叶子花
暖亚热带半湿润区	高山栲、杉木、黄连木、香果树、小叶青冈、蓝花楹、云南樱花、冬樱花、乔木刺桐、清香木	
暖亚热带湿润区	杉木、香樟、马蹄荷、桢楠、水青冈、鹅掌楸、峨眉含笑、四川木莲、峨眉拟单性木兰、金江槭、清香木	
温亚热带半干旱和半湿润区	云南松、栓皮栎、黄毛青冈、清香木、滇石栎、银木荷、川滇无患子、黄连木、球花石楠、三角槭	云南含笑、火棘、帚枝鼠李、盐肤木、白刺花、多花杭子梢
温亚热带湿润区	杉木、川滇桤木、马蹄荷、云南樟、青冈、黄心夜合、滇青冈、多花含笑、球花石楠、清香木、峨眉拟单性木兰	
暖温带半湿润区	藏柏、栓皮栎、元江栲、云南松、枫香、云南樟、滇杨、云南樱花、冬樱花、金江槭	
暖温带湿润区	红花木莲、华山松、曼青冈、滇青冈、连香树、五裂槭、天师栗、珙桐、毛竹、毛脉高山栎	川滇高山栎、繁花杜鹃、高山柏、西南花楸、刺叶冬青、马桑
中温带半湿润和湿润区	丽江云杉、白桦、红桦、大关柳、丽江槭、细齿樱桃、急尖长苞冷杉、滇杨、大王杜鹃、乳黄杜鹃	冷箭竹、山育杜鹃、繁花杜鹃、高山柏

(二)造林技术成熟度评价

已大规模造林树种有:急尖长苞冷杉(*Abies georgei* var. *smithii*)、丽江云杉(*Picea likiangensis*)、华山松、云南松、杉木、藏柏(*Cupressus torulosa*)、鹅掌楸(*Liriodendron chinense*)、峨眉拟单性木兰(*Pachylarnax omeiensi*)、香樟(*Cinnamomum camphora*)、光叶子花(*Bougainvillea glabra*)、木棉(*Bombax ceiba*)、余甘子(*Phyllanthus emblica*)、乌桕(*Sapium sebiferum*)、冬樱花(*Cerasus cerasoides*)、云南樱花(*Cerasus cerasoides* var. *rubea*)、凤凰木(*Delonix regia*)、酸豆(*Tamarindus indica* Linnaeus)、台湾相思(*Acacia confusa*)、新银合欢(*Leucaena leucocephala*)、滇杨(*Populus yunnanensi*)、白桦(*Betula platyphylla*)、川滇桤木(*Alnus ferdinandi-coburgii*)、苦楝(*Melia azedarach*)、车桑子(*Dodonaea viscosa*)、黄连木(*Pistacia chinensis*)、蓝花楹(*Jacaranda mimosifolia*)和毛竹等26种。

已小规模示范树种有:高山柏(*Juniperus squamata*)、红花木莲(*Manglietia insignis*)、多花含笑(*Michelia floribunda*)、黄心夜合(*Michelia martinii*)、峨眉含笑(*Michelia wilsonii*)、连香树(*Cercidiphyllum japonicum*)、云南樟(*Cinnamomum glanduliferum*)、马桑(*Coriaria nepalensis*)、乔木刺桐(*Erythrina arborescens*)、劲直刺桐(*Erythrina stricta*)、白刺花(*Sophora davidii*)、枫香(*Liquidambar formosana*)、马蹄荷(*Symingtonia populnea*)、高山栲(*Castanopsis delavayi*)、青冈(*Cyclobalanopsis glauca*)、栓皮栎(*Quercus variabilis*)、构树(*Broussonetia papyrifera*)、刺叶冬青(*Ilex bioritsensis*)、毛红椿(*Toona ciliata* var. *pubescens*)、三角槭(*Acer buergerianum*)、五裂槭(*Acer oliverianum*)、清香木(*Pistacia weinmannifolia*)、珙桐(*Davidia involucrata*)、繁花杜鹃(*Rhododendron floribundum*)。

处于试验研究阶段树种有:四川木莲(*Manglietia szechuanica*)、桢楠(*Phoebe zhennan*)、细齿樱桃(*Cerasus serrula*)、华西小石积(*Osteomeles schwerinae*)、球花石楠(*Photinia glomerata*)、西南花楸(*Sorbus rehderiana*)、马鞍叶羊蹄甲(*Bauhinia brachycarpa*)、大关柳(*Salix daguanensis*)、红桦(*Betula utilis* var. *sinensis*)、元江栲(*Castanopsis orthacantha*)、小叶青冈(*Cyclobalanopsis myrsinaefolia*)、黄毛青冈(*Cyclobalanopsis delavayi*)、滇青冈(*Cyclobalanopsis glaucoides*)、曼青冈(*Cyclobalanopsis oxyodon*)、水青冈(*Fagus longipetiolata*)、滇石栎(*Lithocarpus dealbatus*)、锥连栎(*Quercus franchetii* Skan)、毛脉高山栎(*Quercus rehderiana*)、川滇高山栎(*Quercus aquifolioides*)、川滇无患子(*Sapindus delavayi*)、天师栗(*Aesculus chinensis* var. *wilsonii*)、金江槭(*Acer paxii*)、丽江槭(*Acer forrestii*)、岩柿(*Diospyros dumetorum*)、香果树(*Emmenopterys henryi*)、大王杜鹃(*Rhododendron rex*)、乳黄杜鹃(*Rhododendron lacteum*)、山育杜鹃(*Rhododendron oreotrephes*)、黄荆(*Vitex negundo*)、冷箭竹(*Arundinaria faberi*)。

四、推荐配置模式

(一)热带半干旱和干旱区

1. 生态景观林

①模式1:干热河谷落叶季雨林景观

树种:木棉、蓝花楹。

密度控制:56株/亩,株行距3m×4m。

混交比例:木棉5∶蓝花楹5。

混交模式:带状混交、块状混交。

适用条件:宜林地、宜林荒山,燥红土和红壤,厚层土,土质疏松、肥沃,山体中、下部,全坡向。

②模式2:干热性灌丛景观

树种:白刺花、光叶子花。

密度控制:296株/亩,株行距1.5m×1.5m。

混交比例:白刺花7∶光叶子花3。

混交模式:块状混交。

适用条件:宜林地、宜林荒山,燥红土和红壤,厚层土和浅层土,土质疏松、肥沃或贫瘠,全山体,全坡向。

2. 生态防护林

①模式1:干热河谷硬叶常绿阔叶林

树种：锥连栎、台湾相思。

密度控制：74 株/亩，株行距 3m×3m。

混交比例：锥连栎 5∶台湾相思 5。

混交模式：带状混交、块状混交。

适用条件：宜林地、宜林荒山，燥红土和红壤，厚层土，土质疏松、肥沃，山体中、下部，全坡向。

②模式 2：干热性灌丛

树种：车桑子、马鞍叶羊蹄甲。

密度控制：296 株/亩，株行距 1.5m×1.5m。

混交比例：带状混交、块状混交。

混交模式：车桑子 6∶马鞍叶羊蹄甲 4。

适用条件：宜林地、宜林荒山，燥红土和红壤，厚层土和浅层土，土质疏松、肥沃或贫瘠，全山体，全坡向。

(二)暖亚热带半干旱区

1. 生态景观林

①模式 1：山地河谷落叶季雨林景观

树种：凤凰木、劲直刺桐。

密度控制：56 株/亩，株行距 3m×4m。

混交比例：凤凰木 5∶劲直刺桐 5。

混交模式：带状混交、块状混交。

适用条件：宜林地、宜林荒山，燥红土和红壤，厚层土，土质疏松、肥沃，山体中、下部，全坡向。

②模式 2：暖热性稀树灌草丛景观

树种：冬樱花、白刺花、光叶子花。

密度控制：a.乔木：42 株/亩，株行距 4m×4m；b.灌木：296 株/亩，株行距 1.5m×1.5m。

混交比例：冬樱花 1∶白刺花 6∶光叶子花 3。

混交模式：带状混交、块状混交。

适用条件：宜林地、宜林荒山，燥红土和红壤，厚层土和浅层土，土质疏松、肥沃或贫瘠，全山体，全坡向。

2. 生态防护林

①模式1：暖热性常绿落叶阔叶混交林

树种：锥连栎、岩柿。

密度控制：74株/亩，株行距3m×3m。

混交比例：锥连栎6∶岩柿4。

混交模式：块状混交、带状混交。

适用条件：宜林地、宜林荒山，燥红土和红壤，厚层土，土质疏松、肥沃，山体中、下部，全坡向。

②模式2：暖热性灌丛

树种：马鞍叶羊蹄甲、华西小石积。

密度控制：296株/亩，株行距1.5m×1.5m。

混交比例：马鞍叶羊蹄甲5∶华西小石积5。

混交模式：块状混交、带状混交。

适用条件：宜林地、宜林荒山，燥红土和红壤，厚层土和浅层土，土质疏松、肥沃或贫瘠，全山体，全坡向。

（三）暖亚热带半湿润区

1. 生态景观林

①模式1：暖热性落叶阔叶林景观

树种：香果树、乔木刺桐。

密度控制：74株/亩，株行距3m×3m。

混交比例：香果树5∶乔木刺桐5。

混交模式：块状混交、带状混交。

适用条件：宜林地、宜林荒山，燥红土和红壤，厚层土，土质疏松、肥沃，山体中、下部，全坡向。

②模式2：暖热性常绿落叶阔叶林景观

树种：清香木、冬樱花。

密度控制：74株/亩，株行距3m×3m。

混交比例：清香木5∶冬樱花5。

混交模式：块状混交、带状混交。

适用条件：宜林地、宜林荒山，燥红土、红壤和石灰（岩）土，厚层土，土质疏松、肥沃，山体中、下部，全坡向。

2. 生态防护林

①模式 1：暖热性常绿针阔混交林

树种：杉木、小叶青冈。

密度控制：56 株/亩，株行距 3m×4m。

混交比例：杉木 6∶小叶青冈 4。

混交模式：块状混交、带状混交。

适用条件：宜林地、宜林荒山，燥红土和红壤，厚层土，土质疏松、肥沃，山体中、下部，全坡向。

②模式 2：暖热性常绿落叶阔叶林

树种：高山栲、黄连木。

密度控制：42 株/亩，株行距 4m×4m。

混交比例：高山栲 6∶黄连木 4。

混交模式：块状混交、带状混交。

适用条件：宜林地、宜林荒山，燥红土、红壤和石灰（岩）土，厚层土，土质疏松、肥沃，山体中、下部，全坡向。

（四）暖亚热带湿润区

1. 生态景观林

①模式 1：湿性落叶常绿阔叶林景观

树种：鹅掌楸、马蹄荷。

密度控制：42 株/亩，株行距 4m×4m。

混交比例：鹅掌楸 5∶马蹄荷 5。

混交模式：块状混交、带状混交。

适用条件：宜林地、宜林荒山，黄壤和红壤，厚层土，土质疏松、肥沃，山体中、下部，全坡向，忌积水。

②模式 2：湿性常绿阔叶林景观

树种：香樟、四川木莲。

密度控制:42 株/亩,株行距 4m×4m。

混交比例:香樟 5∶四川木莲 5。

混交模式:块状混交、带状混交。

适用条件:宜林地、宜林荒山,黄壤和红壤,厚层土,土质疏松、肥沃,山体中、下部,全坡向,忌积水。

2. 生态防护林

①模式 1:湿性常绿针阔混交林

树种:杉木、桢楠。

密度控制:56 株/亩,株行距 3m×4m。

混交比例:杉木 6∶桢楠 4。

混交模式:块状混交、带状混交。

适用条件:宜林地、宜林荒山,黄壤和红壤,厚层土,土质疏松、肥沃,山体中、下部,全坡向,忌积水。

②模式 2:湿性落叶常绿阔叶林

树种:水青冈、峨眉含笑。

密度控制:74 株/亩,株行距 3m×3m。

混交比例:水青冈 5∶峨眉含笑 5。

混交模式:块状混交、带状混交。

适用条件:宜林地、宜林荒山,黄壤和红壤,厚层土,土质疏松、肥沃,山体中、下部,全坡向,忌积水。

(五)温亚热带半干旱和半湿润区

1. 生态景观林

①模式 1:暖温性常绿落叶阔叶林景观

树种:球花石楠、三角槭。

密度控制:74 株/亩,株行距 3m×3m。

混交比例:球花石楠 5∶三角槭 5。

混交模式:块状混交、带状混交。

适用条件:宜林地、宜林荒山,燥红土和红壤,厚层土,土质疏松、肥沃,山体中、下部,全坡向。

②模式 2:暖温性灌丛景观

树种:云南含笑、火棘。

密度控制:296 株/亩,株行距 1.5m×1.5m。

混交比例:云南含笑 5 : 火棘 5。

混交模式:块状混交、带状混交。

适用条件:宜林地、宜林荒山,燥红土、红壤和石灰(岩)土,厚层土和浅层土,土质疏松、肥沃或贫瘠,全山体,全坡向。

2. 生态防护林

①模式 1:暖温性针阔混交林

树种:云南松、栓皮栎。

密度控制:56 株/亩,株行距 3m×4m。

混交比例:云南松 6 : 栓皮栎 4。

混交模式:块状混交、带状混交。

适用条件:宜林地、宜林荒山,燥红土和红壤,厚层土和浅层土,土质疏松、肥沃或贫瘠,全山体,全坡向。

②模式 2:暖温性常绿阔叶林

树种:滇石栎、清香木。

密度控制:74 株/亩,株行距 3m×3m。

混交比例:滇石栎 7 : 清香木 3。

混交模式:块状混交、带状混交。

适用条件:宜林地、宜林荒山,燥红土、红壤和石灰(岩)土,厚层土,土质疏松、肥沃,山体中、下部,阴坡或半阴坡。

(六)温亚热带湿润区

1. 生态景观林

①模式 1:温性常绿阔叶林景观

树种:云南樟、多花含笑。

密度控制:42 株/亩,株行距 4m×4m。

混交比例:云南樟 5 : 多花含笑 5。

混交模式:块状混交、带状混交。

适用条件:宜林地、宜林荒山,黄壤和红壤,厚层土,土质疏松、肥沃,山体中、下部,全坡向,忌积水。

②模式 2:温性湿性常绿阔叶林景观

树种:黄心夜合、球花石楠。

密度控制:56 株/亩,株行距 3m×4m。

混交比例:黄心夜合 4∶球花石楠 6。

混交模式:块状混交、带状混交。

适用条件:宜林地、宜林荒山,黄壤、红壤和石灰(岩)土,厚层土,土质疏松、肥沃,山体中、下部,全坡向,忌积水。

2. 生态防护林

①模式 1:温性湿性常绿落叶阔叶林

树种:川滇桤木、青冈。

密度控制:74 株/亩,株行距 3m×3m。

混交比例:川滇桤木 5∶青冈 5。

混交模式:块状混交、带状混交。

适用条件:宜林地、宜林荒山,黄壤和红壤,厚层土,土质疏松、肥沃,山体中、下部,全坡向。

②模式 2:石灰山地温性湿性常绿阔叶林

树种:黄心夜合、清香木。

密度控制:74 株/亩,株行距 3m×3m。

混交比例:黄心夜合 5∶清香木 5。

混交模式:块状混交、带状混交。

适用条件:宜林地、宜林荒山,黄壤、红壤和石灰(岩)土,厚层土,土质疏松、肥沃,山体中、下部,全坡向,忌积水。

(七)暖温带半湿润区

1. 生态景观林

①模式 1:温凉性半湿润落叶阔叶林景观

树种:枫香、金江槭。

密度控制:74 株/亩,株行距 3m×3m。

混交比例:枫香 5∶金江槭 5。

混交模式:块状混交、带状混交。

适用条件:宜林地、宜林荒山,红壤和黄壤,厚层土,土质疏松、肥沃,山体中、下部,全坡向。

②模式 2:温凉性针阔混交林景观

树种:藏柏、冬樱花。

密度控制:56 株/亩,株行距 3m×4m。

混交比例:藏柏 6∶冬樱花 4。

混交模式:带状混交。

适用条件:宜林地、宜林荒山,红壤和黄壤,厚层土,土质疏松、肥沃,山体中、下部,全坡向。

2. 生态防护林

①模式 1:暖温性针阔混交林

树种:云南松、元江栲。

密度控制:56 株/亩,株行距 3m×4m。

混交比例:云南松 6∶元江栲 4。

混交模式:块状混交、带状混交。

适用条件:宜林地、宜林荒山,红壤和黄壤,厚层土,土质疏松、肥沃,山体中、下部,全坡向。

②模式 2:半湿润常绿落叶阔叶林

树种:元江栲、栓皮栎

密度控制:74 株/亩,株行距 3m×3m。

混交比例:元江栲 5∶栓皮栎 5。

混交模式:块状混交、带状混交。

适用条件:宜林地、宜林荒山,红壤和黄壤,厚层土,土质疏松、肥沃,山体中、下部,全坡向。

(八)暖温带湿润区

1. 生态景观林

①模式 1:温凉性湿性落叶阔叶林景观

树种:连香树、天师栗。

密度控制:74 株/亩,株行距 3m×3m。

混交比例:连香树 5 : 天师栗 5。

混交模式:块状混交、带状混交。

适用条件:宜林地、宜林荒山,黄壤、红壤和棕壤,厚层土,土质疏松、肥沃,山体中、下部,全坡向,忌积水。

②模式 2:毛竹林景观

树种:毛竹。

密度控制:107 株/亩,株行距 2.5m×2.5m。

混交比例:纯林。

混交模式:穴状种植。

适用条件:宜林地、宜林荒山,黄壤、红壤和棕壤,厚层土,土质疏松、肥沃,山体中、下部,全坡向。

2. 生态防护林

①模式 1:半湿润常绿阔叶林

树种:曼青冈、滇青冈。

密度控制:74 株/亩,株行距 3m×3m。

混交比例:曼青冈 5 : 滇青冈 5。

混交模式:块状混交、带状混交。

适用条件:宜林地、宜林荒山,黄壤、红壤和棕壤,厚层土,土质疏松、肥沃,山体中、下部,全坡向,忌积水。

②模式 2:寒温山地硬叶常绿阔叶林

树种:毛脉高山栎、川滇高山栎。

密度控制:74 株/亩,株行距 3m×3m。

混交比例:毛脉高山栎 5 : 川滇高山栎 5。

混交模式:块状混交、带状混交。

适用条件:宜林地、宜林荒山,黄壤、红壤、棕壤和石灰(岩)土,厚层土,土质疏松、肥沃,山体中、下部,全坡向,忌积水。

(九)中温带半湿润和湿润区

1. 生态景观林

①模式 1:山顶苔藓矮林景观

树种:大王杜鹃、乳黄杜鹃。

密度控制:167 株/亩,株行距 2m×2m。

混交比例:大王杜鹃 5∶乳黄杜鹃 5。

混交模式:块状混交、带状混交。

适用条件:宜林地、宜林荒山,黄壤、红壤、棕壤和石灰(岩)土,厚层土,土质疏松、肥沃,山体中、下部,全坡向。

②模式 2:寒温性灌丛景观

树种:繁花杜鹃、高山柏。

密度控制:296 株/亩,株行距 1.5m×1.5m。

混交比例:繁花杜鹃 6∶高山柏 4。

混交模式:块状混交、带状混交。

适用条件:宜林地、宜林荒山,黄壤、红壤、棕壤和石灰(岩)土,厚层土,土质疏松、肥沃,山体中、下部,全坡向。

2. 生态防护林

①模式 1:寒温性针叶林

树种:丽江云杉、急尖长苞冷杉。

密度控制:74 株/亩,株行距 3m×3m。

混交比例:丽江云杉 5∶急尖长苞冷杉 5

混交模式:块状混交、带状混交。

适用条件:宜林地、宜林荒山,黄壤、红壤、棕壤和石灰(岩)土,厚层土,土质疏松、肥沃,山体中、下部,全坡向,忌积水。

②模式 2:寒温性落叶阔叶林

树种:白桦、滇杨。

密度控制:74 株/亩,株行距 3m×3m。

混交比例:白桦 5∶滇杨 5。

混交模式:块状混交、带状混交。

适用条件:宜林地、宜林荒山,黄壤、红壤、棕壤和石灰(岩)土,厚层土,土质疏松、肥沃,山体中、下部,全坡向。

第三章　滇中区“三沿”绿化优化

一、区域概况

滇中地区涵盖了云南中部的昆明、楚雄和玉溪3个州市，地处东经100°43′~104°50′，北纬23°19′~27°03′，海拔在691~4248m，总面积94558km²，占全省土地面积的24%。属于滇东高原盆地，位于长江、珠江和红河上游，以山地和山间盆地地形为主，地势起伏和缓。该地区多盆地，集中了云南全省近一半的山间平地。有滇池、抚仙湖等高原湖泊，水资源保障程度较高。气候属低纬度亚热带高原季风气候，日照充足，四季如春，区内年平均气温14.8~23.8℃，雨旱季分明，降水集中于5~9月份，其余季节干燥少雨。土壤类型以红壤为主。植被类型多样，多为次生植被和人工植被。

（一）自然状况

1. 昆明市自然状况

昆明地处云南高原中部的滇中高原面上，属于滇中高原滇池盆地区域，其地理范围位于东经102°10′~103°40′，北纬24°23′~26°33′，是云南省的政治、经济、文化中心地带。昆明地形复杂，南濒滇池，三面环山，地势北高南低，山地连绵起伏，辖区内河流众多，分属金沙江、珠江、红河3个流域。主要湖泊有滇池、阳宗海；主要山脉有乌蒙山、梁王山和拱王山；主要坝子有滇池坝子、嵩明坝子和宜良坝子。海拔高度差异悬殊，最高处位于北部禄劝县轿子雪山主峰马鬃岭，海拔高度4247.7m，最低处位于金沙江与普渡河交汇处的岔河口，海拔高度746m，市中心海拔为1891m。昆明地区的土壤主要是由砂岩、页岩发育而成的红壤，多呈微酸性。

昆明地区气候属于北亚热带西南季风气候(或低纬度高原山地季风气候),气候特征为:雨热同季、干湿季分明,冬无严寒、夏无酷暑、四季如春。昆明市年均气温 14.9℃;年平均降水量 1190.3mm;≥10℃年积温 4480℃;最热月 6~7 月,平均气温 18.2℃;最冷月 1~2 月,平均气温 6.8℃;年干燥度 0.56~0.79;全年无霜期在 240d 以上;年日照数 2196.7h,日照百分率 56%。由于该地区北部有乌蒙山等群山阻隔南下冷空气,南部受孟加拉湾海洋季风暖湿气流影响,加之滇池、阳宗海调节作用,引起水热条件的重新分配,气候差异明显,造成不同气候带与气候类型交错分布,因此形成了独特的、地域性强的多样性气候特点。按热量资源、水分资源、光照资源的分布可将昆明分成 7 个不同的气候区,即南亚热带半干旱区、南亚热带半湿润区、中亚热带半湿润区、北亚热带半干旱区、北亚热带半湿润区、南温带半湿润区、高寒山区。

2. 玉溪市自然状况

玉溪气候温和,年温差在 16℃左右,以春秋气候为主。年平均气温 17.4~23.8℃,年≥10℃的活动积温为 5000~6000℃,全年日照时数为 2000h,年均降水量 670~2412mm,属中亚热带湿润冷冬高原季风气候,具有冬暖夏凉、夏秋多雨、雨热同季特点。立体气候的特征十分明显,既有四季如春的山区平坝,也有被称为“天然温室”的谷地。

玉溪地处云贵高原西缘,地势西北高,东南低,山地、峡谷、高原、盆地交错分布,山区面积占 90.6%,境内有哀牢山、高鲁山、梁王山、磨豆山、大水井岩头山、螺峰山等山脉。大部分地区海拔在 1500~1800m;哀牢山脉主峰大雪锅山海拔 3137m,为玉溪市最高点;南昏江与元江汇合处海拔 328m,为玉溪市最低点。河流分属珠江和红河两大水系,南盘江、绿汁江分别自东部、西部循边界过境,元江自西南斜贯新平、元江二县经越南入北部湾。有高原断陷源泊抚仙湖、星云湖和杞麓湖。全市森林覆盖率 54.2%,林木绿化率为 16%。玉溪市境内生存国家重点保护野生植物有 34 种、珍贵树种 14 种,列入云南省珍稀濒危保护植物的有 10 种。玉溪地区的土壤主要是由不同的母岩发育成不同的森林土壤,森林地带性土壤有黄棕壤、红壤、黄红壤、燥红土和赤红壤,非地带性土壤有石灰土和紫色土。

3. 武定、元谋区域自然状况

该区地处云贵高原西部，横断山脉南延地区，穿越复杂地貌单元。区域内高山峡谷特征明显、沟谷纵横，河流切割深，高山与河谷高差大，河谷呈“V”形高山峡谷地貌，地形陡峭，巍峨险峻，高低起伏较为频繁。区域地质构造属扬子准地台，地质构造为南北向压扭性构造带。沿线地层的分布受到断裂构造带的控制，构造运动活跃，不良地质类型众多。沿线分布有软土、泥石流、滑坡、崩塌、岩堆、采空区、岩溶、顺层等不良地质类型。该区域土壤类型以红壤为主，主要有红壤、暗红壤两个亚类，石灰岩分布地区及中生代紫红色砂页岩系分布地区，土壤性质受母岩性质的影响较突出，分别出现大面积的红色石灰土、紫色土等岩性土类型。高耸山地和深嵌河谷中形成土壤的垂直分布系列。河谷下部多有燥红土分布，河谷上部及其他一些较干旱地点有褐红壤分布，山地上部出现暗棕壤及亚高山草甸土等。高原盆地内则大多为冲积或淤积母质上的幼年性土壤。

该区属金沙江水系，所经区域主要河流有铺西大河、螳螂川、河朗河、龙川江、勐果河、永厂河和石加河。地表积水主要来自雨季地面汇水，山谷自然形成天然排水通道，山谷上游一般设有小型水库，洪水期上游水库拦蓄部分地表汇水。水量随季节变化，除汛期外，一般较少。沟谷盆地主要是上层滞水及空隙潜水，由大气降水、地表水补给，其面积较大，水位随大气降水变化而变化，一般水位埋深 1~3m。丘岗山地一般上部为空隙水和基岩裂隙水，空隙潜水随季节变化，水位有所升降，裂隙水由大气降水补给，向沟谷排泄，地下水富水条件一般，随季节变化而增减，地下水对混凝土无腐蚀性。

该区域横跨亚热带高原季风气候和亚热带干燥炎热气候。亚热带高原季风气候具有冬暖夏凉四季如春的特色，年最高气温 1.2℃，最低气温 -7.8℃，平均气温 14.6℃；多年平均降水量 1027.2mm，最大 1492.7mm，最小 714.2mm，雨季多集中在 5~10 月，占全年降水量的 80%；年蒸发量 1500~2100mm，最强 3~5 月；多年平均相对湿度 74%。亚热带干燥炎热气候，年平均气温 21.8℃，最高气温 40.4℃，最低气温 0.1℃，干湿两季分明，降水量小，平均年降水量 688.9mm，降水多集中于

6~9月，占全年降水量的90%以上。平均年蒸发量3627mm，相对湿度54%，常年无霜冻。

4. 宜良–石林–弥勒–泸西区域自然状况

该区域位于昆明东南方向，海拔在1500~2000m，年均气温15.8~17.4℃，年降水量694.9~990.4mm，属于中亚热带气候区。本区域属于中、轻度石漠化地区，林下的土壤为中至薄层的山地红壤和紫色土，土层含石砾量较大，占10%~15%。地表枯落物积累少，在居民点附近人为活动地段，地表冲刷较严重，有机质流失，自然肥力不太高。石漠化地区的土壤主要以砂粒、粉粒为主，保水性差，抗旱力弱；石漠化土壤肥力差且矿化严重，矿质元素含量高，土壤风化程度低，不溶性钙镁含量高，对植物生长不利。

5. 楚雄、南华区域自然状况

该区域包括安宁、易门、禄丰、南华、楚雄、祥云的部分等地区，海拔高度在1300~2400m。区内地形复杂，有高原山区、半山区，山高坡陡，纵横河谷和支流，高差悬殊，为典型的高原山地地貌，地貌类型为高原、坝子与湖盆，大部分高原起伏和缓，处于云贵高原中部，区域内主要为元江水系与金沙江水系的分水岭地带。土壤主要为红壤、黄壤、山地暗棕和紫色土，气候垂直分布，有多样的自然条件，部分高速公路(铁路)沿线面山地段森林破坏严重，水土流失严重，部分地块岩石裸露，属石质山地，土壤为高砾石含量土紫色土或红壤，由于原生土层极薄，植被自然恢复困难。该区立地类型主要是中山红壤立地类型组，包括阴坡中、厚层红壤立地类型，阴坡薄层红壤立地类型，阳坡中、厚层红壤立地类型，阳坡薄层红壤立地类型，平缓坡地红壤立地类型，陡坡红壤立地类型。成土母岩主要有砂岩、页岩、花岗岩、石灰岩、玄武岩。壤土、黏壤土、重壤土、沙壤、黏土各种质地的均有。该路域土壤类型以紫色土、水稻土、红壤和黄棕壤为主，紫色土主要分布于海拔1900~2300m的东部坝区，占土地面积的32.4%；水稻土占耕地面积的62%；红壤占26.1%；黄棕壤占8%，分布于海拔2300m以上的冷凉地带，土层较厚。

气候带为北亚热带西南季风气候，属于北亚热带半湿润区，冬温夏暖，四季不明显。气温年较差小，日较差大。本区气候温暖，年平均气温

13.5~16.1℃,年≥10℃积温 4200~4850℃,极端最低气温多年平均值 -7.8~-3.6℃。冬无严寒,夏无酷暑,最冷月平均气温 7~10℃,最热月平均气温 19~21℃,夏季鲜有平均气温大于 22℃的时段。该区四季不明显,气温日较差大,一般为 10~12℃。该路域降雨适中,干湿季分明,年降水量 850~1100mm,降水年际变化不大,多年平均降水变率为 12%~20%,每年 5~10 月为雨季,雨季降水占总降水量的 84%~91%。11 月至翌年 4 月为干季,干季降水量 90~150mm,占全年总降水量的 9%~16%。该区光照充足,年日照时数 2200~2500h,年太阳总辐射量 5300~5900GJ/m²。楚高速公路(铁路)段沿线主要属于亚热带季风气候区域,冬季干燥夏季湿润,日照充足,年均日照约 2351h,日照百分率为 54%,年无霜期 242d,霜期一般在 11 月至翌年 3 月;雨季一般开始于 5 月下旬,80%~90%的降雨量集中在 5~10 月。本路域的主导风为南风和西南风,属于半湿润地区,平均相对湿度为 72%。主要灾害性气象有倒春寒、晚霜冻、干旱(冬春干旱)、冰雹等。

6. 嵩明区域自然概况

该路域大部分地区属北亚热带半湿润区,马龙至富源沿线属南温带半湿润区。北亚热带半湿润区海拔高度为 1700~1900m,年均温 14.0~16.1℃,年≥10℃积温 4200~4900℃,极端最低气温多年平均值-4.8~-1.6℃,年降水量 830~1100mm,干湿季分明,每年 5~10 月为雨季,雨季降水量占全年总降水量的 84%~91%,11 月至翌年 4 月为干季,干季降水量占全年降水量的 9%~16%。北亚热带半湿润区所属地区光照条件好,年日照时数 2200~2500h,年太阳总辐射量 5300~5900GJ/m²。该区属湖盆高原地貌,土壤以红壤、棕壤、黄红壤、紫色土等为主。

属于南温带半湿润区的马龙至富源沿线,以中山山地为主,呈中山山原盆地地貌,为喀斯特地貌发育的早期阶段,年平均气温 13.8℃,最热月(7 月)平均气温 19.8℃,最冷月(1 月)平均气温 5.7℃,≥10℃年活动积温达 4024℃,年日照时数 1819.9h,无霜期 240d,年平均降水量 1332mm。降水主要集中在 5~10 月。土壤以地带性红壤、黄棕壤和黄壤为主,同时也有非地带性的水稻土、冲积土、草甸土等。

(二)植被概况

暖性常绿阔叶林林分组成树种的多少,常因地而异,如分布在滇东南、滇中高原的南部和西部中山云雾线所在地带的森林,海拔 1800~2600m,组成树种繁多,优势种常不明显。壳斗科(Fagaceae)的树种稍占优势,其次为樟科(Lauraceae)、木兰科(Magnoliaceae),还有山茶科(Theaceae)、冬青(*Ilex chinensis*)、木莲(*Manglietia fordiana*)、油丹(*Alseodaphne hainanensis*)、红淡比(*Cleyera japonica*)、木瓜红(*Rehderodendron macrocarpum*)、山茉莉(*Huodendron tibeticum*)、马蹄参(*Diplopanax stachyanthus*)、土楠(*Endiandra hainanensis*)、新木姜(*Neolitsea aurata*)、山茶(*Camellia japonica*)、柃木(*Eurya japonica*)、木荷(*Schima superba*)、舟柄茶(*Hartia sinensis*)、八角(*Illicium verum*)、山矾(*Symplocos sumuntia*)、茵芋(*Skimmia reevesiana*)、马蹄荷以及壳斗科的石栎(*Lithocarpus glaber*)、青冈(*Cyclobalanopsis glauca*)、水青冈、栲属(*Castanopsis* spp.)等。

滇中地区的暖性常绿阔叶林,其林分结构复杂,多为复层林,因地区不同、层次结构差异较大,究其原因与生境、各类型组成的生态生物学特性、人为干扰程序等有关。如分布在人烟稀少、人为干扰小的偏僻山区,组成树种多为一些耐荫蔽种,因此形成复层林。如红花荷(*Rhodoleia championii*)林、润楠(*Machilus nanmu*)林、石栎林;如分布在人口密集的农业区,由于人为干扰严重,组成树种趋于简单化,则多为单层林,如高山栲林。这些森林主林层的平均高一般均在 25m 左右;但在人为干扰或干旱之处,林分平均高仅在 15~20m;在个别山的顶部,又因土壤瘠薄,多强风,则形成高仅 4~6m,最高不超过 8~10m 的森林,如杜鹃(*Rhododendron simsii*)林、乌饭(*Vaccinium bracteatum*)林、八角林。

分布在滇中高原宽谷盆地四周,海拔 1700~2500m 低山丘陵上的暖性常绿阔叶林区,具有“四季如春、干湿季分明”的高原季风气候特征,年平均温达 15~17℃,基本上属于亚热带气候。年降水量为 900~1200mm,且集中在 7、8、9 三个月,旱季常达 4~5 个月之久。水热条件的配置导致所发育的森林具有一定程度偏干性的生态学特征。这类森林在云南植被中又被称为“半湿润常绿阔叶林”，包括滇青冈林、高山栲林、元江栲林、黄毛青冈林等。这类森林由于大量的被砍烧和垦殖，已受到极大破坏，或变成农田、荒山，或为云南松林所更替，较原始的森林仅分布在偏僻的山区。这些原始森林是亚热带地区较稳定的地带性森林，它是长期历史演变形成的，是保持该地区自然生态平衡的重要森林。目前，这类林分的组成树种虽然仍以壳斗科的各类为优势，但山茶科、樟科、木兰科的树种数量很少。常见的优势树种为元江栲、高山栲、滇青冈、黄毛青冈、滇石栎等。常由其中的1种呈单优势，或者2~3个种共为优势。它们常常与特定的亚热带针叶树混交成不太稳定的针阔混交林。这些针叶树多为滇油杉（*Keteleeria evelyniana*）和云南松。在石灰岩地区常和冲天柏（*Cupressus duclouxiana*）混生。在海拔更高处则和华山松混生。有的地段，也有混生少数落叶树种者，常见的落叶树有野樱（*Cerasus cerasoides*）、滇朴（*Celtis yunnanensis*）、皮哨子（*Sapindus delavayi*）、以及大叶栎（*Quercus griffithii*）、锐齿槲栎（*Quercus aliena* var. *acutiserrata*）、云南柞栎（*Quercus yunnanensis*）等栎类。此外，还有分布在干热河谷地段的由锥连栎为优势树种的森林。

二、分区及特征

滇中地区是人口增长和经济发展较为迅速的区域，面山人工绿化树种的选择是区域生态建设的重要内容，这直接关系到滇中地区路域生态系统服务功能的发挥和全省生态文明建设的成效。选择发掘利用乡土树种，不仅能充分体现地方特色，而且能实现云南省自有植物资源的合理开发利用和产业化。因此，积极开展滇中地区及其主要交通沿线面山造林树种选择，对推动该区域生态建设工作具有较强的现实意见。

适地适树是保证造林成活的关键措施之一。树种选择的依据主要有两方面，一是树种的生态学特性，充分考虑选用树种在该立地条件下的生产力和适应性；二是经济学条件，尽可能生产符合国民经济需求的林种、树种和材种，同时以造林及管护成本较低为佳。树种选择的原则包括：①以乡土树种为主，经过长期的自然选择及物种演替后，乡土树种已对该特定地区有高度生态适应性；②考虑人工造林绿化的可操作性，选择具有一定前期工作基础的树种。能起到维护、改善生态系统、美化环境的作用，能体现出一个区域的地带性植被特征和生态建设特色；③以常绿阔叶树种为主，同时对一些具有季节性景观特征的，表现优良的落叶树种也予以适当考虑，有较强的抗性（抗季节性干旱、抗寒性、抗病虫害等）。

根据滇中地区天然次生植被现状、人工林表现、主要交通沿线的立地条件以及热量、水分、光照等气候特点，结合当前造林技术成熟度的综合分析和评价，兼顾经济和生态效益进行分区，然后在此基础上筛选适合于滇中地区的造林树种。

（一）南亚热带半湿润区

主要包括禄劝县金沙江、普渡河北段沿岸地区，海拔高度 1500m 以下，热量资源丰富，年平均气温>17.0℃，夏季炎热，冬季温暖，积温较高；年降水量不足 900mm，冬春及初夏干旱频繁，焚风效应明显。

适宜种植的树种有云南松、麻栎（*Quercus acutissima*）、栓皮栎、云南柞栎、大叶栎、滇石栎、滇青冈、元江栲、高山栲、云南拟单性木兰（*Parakmeria yunnanensis*）、多花含笑、光皮桦（*Betula luminifera*）等。

（二）中亚热带半湿润区

主要包括玉溪红塔区、峨山县部分、元江县部分、宜良县北部、东部、南部地区以及晋宁县夕阳乡，海拔高度 1500~2600m，年平均气温 16.0~17.0℃，热量条件较好；年降水量 900~1200mm，冬春干旱少雨，夏秋多雨。年日照时数 2000~2300h，光照充足。

可选择云南松、滇青冈、云南含笑（*Michelia yunnanensis*）、云南樟、杜鹃、苦刺、元江栲、旱冬瓜（*Alnus nepalensis*）、麻栎、栓皮栎、滇石栎、槲栎（*Quercus aliena*）、柳杉（*Cryptomeria fortunei*）、滇油杉、华山松等树种造林。

（三）北亚热带半湿润区

主要包括呈贡县西部、禄劝县大部、富民县、安宁市、西山区东部、官渡区、宜良县中部、石林县北部、晋宁县北部、嵩明县、寻甸县、玉溪红塔区、峨山县部分地区、元江县部分地区,海拔高度 1500~2100m,年平均气温 14.7~15.3℃。年降水量 850~1100mm,降水适中,年日照时数 2200~2500h。

适宜的造林树种可选择旱冬瓜、云南松、冬樱花、华山松、滇油杉、麻栎、川滇桤木、滇青冈、石楠、球花石楠、枫香、苦楝、滇朴、清香木、重阳木(*Bischofia polycarpa*)、复羽叶栾树(*Koelreuteria bipinnata*)、黄连木、无患子(*Sapindus mukorossi*)、滇石栎、元江栲、黄毛青冈、包斗栎(*Lithocarpus craibianus*)、灰背栎(*Quercus senescens*)、云南樟、云南泡花树(*Meliosma yunnanensis*)、窄叶石栎(*Lithocarpus confinis*)、椴树(*Tilia tuan*)、臭椿(*Ailanthus altissima*)、合欢(*Albizia julibrissin*)、青榨槭(*Acer davidii*)等。

此外,还包括禄丰至楚雄路段周边部分面山,海拔 1300~1800m,区域气候暖热且干燥,干季降水少而气温也低,雨季降水多而气温也高。光照充足,年日照时数 2200~2500h。植被盖度低,坡陡冲刷严重、表土缺水且较为瘠薄。主要气象灾害是倒春寒、晚霜冻、干旱(冬春干旱和初夏旱),此外冰雹也时有发生。造林树种选择:乔木种类有清香木、白枪杆(*Fraxinus malacophylla*)、野樱、槐树(*Sophora japonica*)、黄连木、红椿(*Toona ciliata*)、川楝(*Melia toosendan*)、红木荷、麻栎、栓皮栎、滇朴、乌桕;灌木种类有余甘子、坡柳(*Salix myrtillacea*)、水马桑(*Weigela japonica* var. *sinica*)、毛叶黄杞(*Engelhardtia colebrookiana*)、浆果楝(*Cipadessa baccifera*)、小石积(*Osteomeles anthyllidifolia*)、黄槐(*Cassia surattensis*)、车桑子、昆明小檗、白刺花等。冲刷沟(侵蚀沟)生态治理则可用毛苕子(*Vicia bungei*)、戟叶酸模(*Rumex hastatus*)、多花蔷薇(*Rose multiflora*)、地石榴(*Breynia retusa*)、刺芒野古草(*Arundinella setosa*)、旱茅(*Eremopogon delavayi*)、白茅(*Imperata cylindrica*)等。

(四)北热带干热区

主要包括元江干热地区,海拔高度 400~700m,年平均气温 20℃以上。年降水量 800mm 以下,降水适中,年日照时数 2300h 以上。

适宜的造林树种可选择毛叶青冈、小果栲(*Castanopsis microcarpa*)、截头石栎(*Lithocarpus truncatus*)、元江栲、高山栲、云南松、思茅松、麻栎、栓皮栎、滇石栎、旱冬瓜等。

(五)南温带半湿润区

主要包括禄劝县北部、嵩明县、寻甸县、宜良县西部、呈贡县东部、晋宁县南部、西山区西部、石林县东部、马龙县、会泽县,海拔高度2000m以上,多为山地,气温较低,年平均气温10.0~14.0℃,年降水量900~1200mm,年日照时数1950~2300h。

造林树种可选云南松、华山松、川滇桤木、毛叶槲栎(*Quercus malacotricha*)、云南波罗栎(*Quercus yunnanensis*)、青李(*Vatica mangachapoi*)、刺毛越橘(*Vaccinium trichocladum*)、山桂花(*Paramichelia baillonii*)、白蜡树(*Fraxinus chinensis*)、头状四照花(*Cornus capitata*)、石楠(*Photinia serrulata*)、球花石楠、刺毛越橘、毛桐(*Mallotus barbatus*)、樱桃(*Cerasus pseudocerasus*)、高盆樱桃(*Cerasus cerasoides*)、冬樱花、银木荷(*Schima argentea*)、红木荷等。

(六)高寒山区

主要包括禄劝县轿子山一线、东川落雪,海拔高度>3000m,年平均气温<9℃,长冬无夏,春秋甚短,气候寒冷,年降水量>1100mm。

可选高山松(*Pinus densata*)、长苞冷杉(*Abies georgei*)、鸡嗉子果(*Dendrobenthamia capitata*)、丽江云杉、大果红杉(*Larix potaninii* var. *macrocarpa*)、雪松(*Cedrus deodara*)等树种造林。

三、备选树种及造林技术成熟度评价

(一)备选树种

除了上述选择的主要造林树种之外,还有以下一些备选树种可供各区“三沿”造林绿化使用(表3-1)。

表 3–1 滇中地区“三沿”绿化备选树种

分区	乔木	灌木
南亚热带半湿润区	云南松、麻栎、栓皮栎、云南柞栎、大叶栎、滇石栎、滇青冈、元江栲、高山栲、云南拟单性木兰、多花含笑、光皮桦、云南樟、香樟	十大功劳、胡颓子、云南石笔木、滇榛子、长叶枸骨、苦刺、小叶栒子、火棘
中亚热带半湿润区	云南松、旱冬瓜、麻栎、栓皮栎、滇石栎、槲栎、柳杉、华山松、长梗润楠、滇润楠、月桂、滇山茶、厚皮香、华榛、尖叶木犀榄、云南木犀榄、枫香、黄连木、青香木、滇朴、云南红豆杉、云南榧	昆明柏、马醉木、十大功劳、胡颓子、马缨花杜鹃、羊踯躅、云南石笔木、滇榛子、长叶枸骨、滇丁香、野山茶、荚蒾、马鹿花、蔷薇、云南含笑、映山红、昆明山海棠、马樱花、小铁仔、脉瓣卫矛、金丝桃、山乌柏、苦刺、云南紫荆、小叶栒子、贴梗海棠、火棘、南烛、老鸦泡、矮杨梅、马桑
北亚热带半湿润区	旱冬瓜、云南松、华山松、冬樱花、麻栎、川滇桤木、滇青冈、石楠、球花石楠、枫香、苦楝、滇朴、清香木、重阳木、复羽叶栾树、黄连木、无患子、刺榛、枫香、黄连木、青香木、滇朴、云南红豆杉、云南榧、滇油杉、滇石栎、元江栲、黄毛青冈、包斗栎、灰背栎、云南樟、云南泡花树、窄叶石栎、椴树、臭椿、含欢、青榨槭、楠木	米饭花、薄叶鼠李、大白花杜鹃、头状四照花、柃木、皮袋香、昆明柏、马醉木、十大功劳、胡颓子、马缨花杜鹃、羊踯躅、云南石笔木、滇榛子、长叶枸骨、滇丁香、野山茶、荚蒾、马鹿花、蔷薇、云南含笑、映山红、昆明山海棠、马樱花、小铁仔、脉瓣卫矛、金丝桃、山乌柏、苦刺、云南紫荆、小叶栒子、贴梗海棠、火棘、南烛、老鸦泡、矮杨梅、马桑
北热带干热区	毛叶青冈、小果栲、截头石栎、元江栲、高山栲、云南松、思茅松、麻栎、栓皮栎、滇石栎、旱冬瓜等。	十大功劳、云南石笔木、长叶枸骨、滇丁香、野山茶、荚蒾、马鹿花、蔷薇、映山红、马樱花、小铁仔、清香木、虾子花、脉瓣卫矛、金丝桃、山乌柏、苦刺、云南紫荆、贴梗海棠、火棘、南烛、金合欢
南温带半湿润区	云南松、华山松、川滇桤木、石楠、球花石楠、云南樱花、冬樱花、银木荷、红木荷、滇朴、云南红豆杉、云南榧、麻栎、毛叶槲栎、云南波罗栎、青李、刺毛越橘、山桂花、樱桃、板栗	云南石笔木、滇榛子、昆明柏、马醉木、十大功劳、胡颓子、马缨花杜鹃、羊踯躅、长叶枸骨、滇丁香、野山茶、荚蒾、马鹿花、蔷薇、云南含笑、映山红、昆明山海棠、马樱花、小铁仔、脉瓣卫矛、金丝桃、山乌柏、苦刺、云南紫荆、小叶栒子、贴梗海棠、火棘、南烛、老鸦泡、矮杨梅、马桑

（续）

分区	乔木	灌木
高寒山区	高山松、长苞冷杉、鸡嗉子、丽江云杉、大果红杉、雪松	马缨花杜鹃、野山茶、荚蒾、马鹿花、马樱花、小铁仔、脉瓣卫矛、金丝桃

（二）造林技术成熟度评价

已大规模造林树种：云南松、华山松、云南红豆杉、云南拟单性木兰、麻栎、栓皮栎、云南樟、香樟、滇润楠、滇山茶、旱冬瓜、余甘子、云南樱花、冬樱花等。

已小规模示范树种：滇青冈、银木荷、滇油杉、木棉、多花含笑、西畴含笑（*Michelia coriacea*）、南亚含笑（*Michelia doltsopa*）、高大含笑（*Michelia giganfia*）、麻栗坡含笑（*Michelia chariacea*）、富宁含笑（*Michelia funjngensis*）、大果木莲（*Manglietia grandis*）、鹅掌楸、月桂（*Laurus nobilis*）、川滇桤木、光皮桦（*Betula luminifera*）、刺榛（*Corylus ferox* Wall. var. *ferox*）、华榛（*Corylus chinensis*）、石楠、球花石楠、尖叶木犀榄（*Olea ferruginea*）、云南木犀榄（*Olea tsoongii*）、枫香、黄连木、青香木、滇朴、银叶金合欢（*Acacia podalyriifolia*）。

处于试验研究阶段树种：黄毛青冈、高山栲、元江栲、滇石栎、响叶杨、锥连栎、榄仁树（*Terminalia catappa*）、山黄麻（*Trema tomentosa*）、昆明柏（*Juniperus gaussenii*）、马醉木属（*Pieris*）、阔叶十大功劳（*Mahonia bealei*）、胡颓子属（*Elaeagnus*）、马缨杜鹃（*Rhododendron delavayi*）、羊踯躅（*Rhododendron molle*）、云南石笔木（*Tutcheria sophiae*）、滇榛（*Corylus yunnanensis*）、枸骨冬青（*Ilex cornuta*）、滇丁香（*Luculia pinceana*）、野山茶、荚蒾（*Viburnum dilatatum*）、马鹿花（*Pueraria wallichii*）、蔷薇、云南含笑、迎红杜鹃（*Rhododendron mucronulatum*）、昆明山海棠（*Tripterygium hypoglaucum*）、小铁仔（*Myrsine africana*）、脉瓣卫矛（*Euonymus tingens*）、金丝桃（*Hypericum monogynum*）、山乌桕、苦刺、云南紫荆（*Cercis glabra*）、小叶栒子（*Cotoneaster microphyllus*）、贴梗海棠（*Chaenomeles speciosa*）、火棘、乌饭、老鸦泡（*Callicarpa giraldii*）、矮杨梅（*Lantana camara*）、马桑。

四、推荐配置模式

(一)荒山裸地植被恢复关键技术措施

荒草地、裸地和石漠化是严重影响公路沿线景观的一类土地利用类型。这类土地土壤相当瘠薄,在受人为干扰严重的地段,至今地上寸草不生。而人为干扰较轻,恢复时间长的地段,已形成灌木丛,具有一定的保持水土能力,但总体利用率较低。对于边坡的治理和恢复可选择耐旱、繁殖力、覆盖力强的物种,如野拔子(*Elsholtzia rugulosa*)、三裂叶野葛(*Pueraria phaseoloides*)等,这些植物不仅能在喀斯特地貌特征明显的地段起到良好的覆盖作用,在其他路段里也能充分发挥其生态功能。

1. 整　地

整地是保证造林成活和幼树生长的关键性技术措施,根据造林地地块的立地条件、栽植树种及培育目的确定整地方式和整地规格。根据外业调查情况,整地方式采用块状整地,规格为 40cm×40cm×40cm 或 50cm×50cm×50cm 的鱼鳞坑,石头裸露率高的地区需客土置塘,整地时间为每年 3~5 月。在定植时,先在植穴底部填上一层熟土,再填一层细土,将苗放入栽植穴中,先填表土、湿土,分层踏实,最后覆一层虚土,并浇足定根水。

2. 造林时间

因滇中地区雨季经集中在每年 6~10 月,故造林时间一般为每年 6~8 月。9~10 月为补植时间。在冬春旱期浇水 2~3 次,并疏枝疏叶,减少植株水分蒸发,提高苗木存活率。

3. 造林密度

造林密度是形成一定林分结构的基础,造林密度大小不但影响林分形成的速度和状态,而且通过后期林分密度的延续关系影响林分的生长和稳定。因此,造林密度确定时不仅要考虑如何及时形成稳定的林分,还要考虑幼林郁闭后的林木分化及密度调节进程。根据经营目的、树种、立地条件确定造林密度,株行距 2m×2m。依据实地情况,采取“见缝插针”式,在土层深厚区域适当密植并充分利用石沟、石缝、食槽和石坑中残存的土壤进行密植,使苗木能尽快遮盖裸露土地。

4. 种植点配置

种植点配置,即种植点在造林地上的排列方式和间距,株间采用“品”字形配置,树种间采用块状配置,保证每个造林地块有2~3个树种。

5. 造林地管理

若荒地、裸地和石漠化地块附近分布有自然村落,则造林地极易受到人畜活动的干扰,因此,要采取切实有效的措施加强管护,严防牛、马、羊等进入造林地危害幼苗,并防止林区火灾的发生。可设置专人管理,由现有护林员负责管护,责、权、利明确;对造林地进行封禁保护,严禁在林地内放牧及破坏植被;严禁在林地内及附近用火;定期做好林地内及附近林木的病虫害、鼠害防治工作;做好宣传教育工作。

(二)荒山裸地造林配置模式

1. 模式1

树种:乔木树种有云南松、华山松、旱冬瓜、银木荷、响叶杨(*Populus adenopoda*)。灌木包括马桑、盐肤木、千斤拔(*Flemingia philippinensis*)、碎米花杜鹃(*Rhododendron spiciferum*)、炮仗花杜鹃、厚皮香(*Ternstroemia gymnanthera*)、常绿蔷薇(*Rosa sempervirens*)、小铁仔、小叶女贞(*Ligustrum quihoui*)、羊奶果(*Elaeagnus conferta*)、青刺尖、火把果、马醉木、云南含笑、杭子梢(*Campylotropis macrocarpa* var. *macrocarpa*)、云南山蚂蝗(*Desmodium yunnanense*)、金丝桃、滇丁香、清香木等。

空间配置:营造成针阔混交或阔叶混交模式,带状混交,混交比3∶7或7∶3,株行距2m×3m、2m×2m。乔灌混交模式,1行乔木(2~3m×2m),1~2行灌木(1m×1m)。采用穴状整地,规格为40cm×40cm×40cm。

造林方式:乔木采用容器苗造林;灌木采用直播或容器苗造林。

配套措施:在水土流失严重、易坍塌的地段,采取水保工程措施,设置微型拦沙坝、截流沟、谷坊、挡墙等,在沟头侵蚀区设立防护林(草)带。

适用条件:适用海拔1500~2500m低中山山坡,立地条件较差的山地造林。

2. 模式2

树种:乔木树种有余甘子、滇合欢、榄仁树、山黄麻。灌木树种有车桑子、千斤拔、小叶枸子、苦刺、滇刺枣、清香木。

空间配置:乔灌草混交模式,1行乔木(2~3m×2m),1~2行灌木(1m×1m)。采用水平带状整地,宽30~40cm,深20~30cm,种植穴状整地规格为50cm×50cm×40cm。

造林方式:乔木采用容器苗造林;灌木采用直播或容器苗造林。

配套措施:在水土流失严重、易坍塌的地段,采取水保工程措施,设置微型拦沙坝、截流沟、谷坊、挡墙等,在沟头侵蚀区设立防护林(草)带。

适用条件:适用地处干热河谷地区立地条件较差的荒山造林。

3. 模式3

树种:灌木树种有车桑子、千斤拔、小叶枸子、苦刺、滇刺枣(*Ziziphus mauritiana*)、清香木等;草本包括扭黄茅(*Heteropogon contortus*)、孔颖草(*Bothriochloa pertusa*)、臭根子草(*Bothriochloa bladhii*)和芸香草(*Cymbopogon distans*)等。

空间配置:灌、草混交模式,1行大灌木(3~5m×2m),1行小灌木,4~6行草本(1~2m×0.3m)。采用水平带状整地规格为破土宽30~40cm、深20~30cm,穴状整地规格为50cm×50cm×40cm。

造林方式:灌木采用直播或容器苗造林;草本采用分蘖或直播。

配套措施:在水土流失严重、易坍塌的地段,采取水保工程措施,设置微型拦沙坝、截流沟、谷坊、挡墙等,在沟头侵蚀区设立防护林(草)带。

适用条件:适用地处干热河谷地区立地条件较差的荒山造林。

4. 模式4

树种:黄毛青冈-云南松林混交,云南油松、元江栲、槲栎等伴生。

空间配置:林分疏密度0.4~0.5,云南松占70%~90%,黄毛青冈占10%~20%,其他伴生树种占5%~10%。

适用条件:滇中海拔 1600~2400m 的半阳半阴坡及山腹部造林。

(三)次生或人工退化林地补植造林配置模式

1. 模式 1

树种:树种选择有云南松、华山松、旱冬瓜、银木荷、滇青冈、滇润楠(*Machilns yunnanensis*)、滇油杉、栓皮栎、球花石楠、黄毛青冈、高山栲、元江栲、滇石栎、响叶杨等。

整地、补植补播:在需补植地,进行穴状整地 50cm×50cm×40cm 或 40cm×40cm×30cm,并清除种植穴周围 $1m^2$ 内的杂灌杂草,采用 1 年生云南松、华山松壮苗或 1~2 年旱冬瓜、银木荷、滇青冈、滇润楠、滇油杉、栓皮栎、球花石楠、黄毛青冈、高山栲、元江栲、滇石栎、响叶杨等阔叶树壮苗,进行补植。在需补播地,进行小穴整地,30cm×30cm×30cm 或 30cm×30cm×20cm,并清除穴周围 $1m^2$ 内的杂灌杂草,每穴补播 3~5 颗种子。补植补播时间以雨季为主,补植株数或补播种子量根据每个地块具体情况和需达标情况来计算确定,可根据情况保持在 200 株/hm^2 以上。

适用条件:适用海拔 1500~2500m 低中山山坡,有部分灌木或具有天然下种侵入的条件,可加快退化生态系统植被恢复,提高森林涵养水源、保持水土的功能。

2. 模式 2

树种:树种选择有余甘子、滇合欢、榄仁树、山黄麻、锥连栎、木棉等。

整地、补植补播:在需补植地,进行穴状整地 50cm×50cm×40cm 或 40cm×40cm×30cm,并清除穴周围 $1m^2$ 内的杂灌杂草,采用 1~2 年生的余甘子、滇合欢、榄仁树、山黄麻、锥连栎、木棉等树种壮苗,进行补植。在需补播地,进行小穴整地,30cm×30cm×30cm 或 30cm×30cm×20cm,并清除穴周围 $1m^2$ 内的杂灌杂草,每穴补播 3~5 颗种子。补植补播时间以雨季为主,补植株数或补播种子量根据每个地块具体情况和需达标情况来计算确定,可根据情况保持在 200 株/hm^2 以上。

适用条件:适用于地处干热河谷地区立地条件较差,有部分杂灌杂草的立地条件。

(四)次生林或人工林地结构优化配置模式

1. 生态景观林模式

① 模式1：城市生态景观模式

树种组成：滇青冈/滇石栎/香叶树(*Lindera communis*)(背景)-滇润楠+云南樱花(中景)-碎米花杜鹃+美丽马醉木(前景)-扁竹兰(*Iris confusa*)。

以体现春城特色，营造庇荫空间为主。样地调查分析显示，滇青冈群落的外貌以绿色的茂密林冠为特点，符合城市公园树林庇荫的要求，且全年以常绿为主能体现出昆明“四季如春”的特色，营造一种清新自然的气氛，具有观赏休憩的功能。

空间结构：以冠大荫浓的滇青冈、滇石栎、香叶树中的1~3种为背景，以滇润楠、云南樱花为配景，丛植碎米花杜鹃和美丽马醉木等为衬景形成的复层混交群落。根据实际情况适当的调整样地的调查数据得出，在平面10m×10m内，群落总盖度应达70%以上，推荐乔木∶灌木∶地被的平面结构配比为5∶36∶59，立面结构配比为8∶2.5∶0.8较适宜。

季相变化：以滇青冈、滇润楠等常绿树种为主景植物，体现春城四季常青的特色；搭配碎米花杜鹃、美丽马醉木等开花灌木，春季可欣赏云南樱花的山花烂漫，美丽马醉木的五彩斑斓，群落色彩鲜艳，灵动自然，使景观层次更加丰富。

② 模式2：园林、路域景观造景模式

树种组成：滇朴+滇石栎-云南含笑+云南紫荆+小铁仔-沿阶草+扁竹兰。

以丰富群落色彩，体现层次美，营造开敞空间为主。自然环境下由滇朴、滇石栎构成的空间较开敞通透，灌木层植物开花效果极佳，适用于公园、道路、广场等开放空间。

空间结构：根据实际情况适当的调整样地的调查数据得出，在平面10m×10m内，群落总盖度为40%~55%。推荐平面结构配比为乔木∶灌木∶地被=3∶8∶35，立面结构配比为15∶2∶0.6较为适宜。

季相变化：滇朴枝叶开展秀丽，早春新叶嫩绿，入秋叶又变成金黄，极为美观。云南含笑春季开花伴有淡淡清香,与花色艳丽的云南紫荆等组合,再搭配花色淡雅清幽的扁竹兰、沿阶草等,使植物景观在季相上呈现多层次结构。

③模式 3:社区景观造景模式

树种组成:滇青冈+滇润楠+川梨(*Pyrus pashia*)-云南含笑+美丽马醉木+马缨杜鹃-扁竹兰+凤尾蕨(*Pteris cretica*)。

在社区景观绿化中,营造以大乔木为主的覆盖空间,其中由滇青冈、滇润楠等形成空间骨架,还能防噪音和风尘,冠大荫浓的树干可为居民提供遮阴休息区域,下部由稀疏草丛构成的群落环境还可实现遮挡阳光、降低温度的功能。

空间结构:根据实际情况适当的调整样地的调查数据得出,群落总盖度为 60%~70%。推荐在平面结构内植株的配比为乔木∶灌木∶地被=2∶22∶71,立面结构配比为 15∶3∶0.4 较为适宜。

季相变化:乔木如滇青冈、滇润楠主要体现四季长春的特色。而云南含笑、美丽马醉木白花红叶相间,以及马缨杜鹃鲜艳夺目的红花都能让人感受到浓浓春意。

④ 模式 4:风景林地造景模式

树种:滇青冈、滇石栎、云南油杉。

混交比例:2∶1∶1。

初植密度:2m×3m。

配置方式:沿等高线品字形配置。

空间结构:林地结构分 4 个层次,即乔木上层、乔木下层、灌木层、草本层。乔木上层主要以滇青冈、滇石栎、云南油杉为主,下层乔木为香叶树、云南樱花、川梨,主要是为体现出原始风貌的园林景观。散植耐阴灌木云南含笑、云南紫荆、碎米花杜鹃、铁仔等,使之具一定的观赏性,在风景林地中可以广泛的运用。

2. 生态防护林模式

① 模式 1:云南松林/华山松林近自然经营模式

目前,云南松林和华山松林大都是在原有常绿阔叶林破坏后的各种迹地上依靠天然更新或人工更新发展起来的次生林,其中纯林占 80%以上,同时人工造林也以云南松纯林和华山松纯林占绝对优势。应当指出,纯林存在一系列的问题,主要表现为遗传品质退化、生物多样性降低、林分生产力下降、地力衰退、林地生态系统功能弱化等,为了较好地解决这些问题,需要加强近自然混交林营造。

树种:云南松、华山松、滇油杉、旱冬瓜、栎类、桤木等。

密度控制:2m×3m 或 3m×3m。

混交模式与混交比例:滇中地区可选用旱冬瓜、栎类作为混交树种;贫瘠的山地可选用黄毛青冈、麻栎、栓皮栎等。在同一地区,山坡上部以云南松或华山松为主,云南松/华山松与阔叶树混交比例为 9∶1~8∶2,可选择麻栎、栓皮栎或包斗栎作为混交树种;山坡中部云南松/华山松/滇油杉与阔叶树混交比例为 6∶4~5∶5,可选择旱冬瓜、蒙自桤木(*Alnus nepalensis*)或滇青冈作为混交树种;山坡下部云南松/华山松与阔叶树混交比例为 2∶8,阔叶树可选择黄毛青冈、高山栲等。

② 模式 2:稀树灌丛林植被改造模式

树种选择:旱冬瓜、楠木、樟树。

苗木规格:1 年生旱冬瓜苗、楠木苗、樟树苗。

种植密度:2m×2.5m。

混交模式:开挖 70cm×60cm 的种植塘,三种树比例为 2∶1∶1。对荒山和灌木林地进行植被抚育,适当间植阔叶树种如旱冬瓜、楠木、樟树等,或播种半湿润常绿阔叶林优势种,如滇青冈、高山栲、黄毛青冈、滇石栎等的种子,以促进荒山、灌林地向地带性的原生植被类型转变。

③ 模式 3:种植沟客土植苗造林模式

树种选择:云南松、华山松、旱冬瓜

苗木规格:云南松、华山松,1 年生苗;旱冬瓜,2~3 年生苗。

种植密度:1.5m×2m,即每 667m^{2}种植 222 株。

混交模式:开挖规格为 80cm×70cm 种植沟,针阔比例为 3∶1。

适用条件:主要针对石场、矿山的堆料和选材的水平场地。由于长期受到机械碾压,场地全为沙土且板实,需要异地客土造林。异地客土主要为红壤,为降低成本可以在种植点客土,其间隔处可回填原有砂石土。

④ 模式四：种植塘客土植苗、直播造林模式

树种选择：云南松、旱冬瓜

苗木规格：1 年生云南松苗，2~3 年生旱冬瓜苗。

种植密度：2m×2.5m

混交模式：开挖 70cm×60cm 的种植塘，针阔比例为 2∶1。

适用条件：主要针对堆放表土石砾的缓坡段，坡度虽缓，但不方便机械作业，石砾间的间隙较大，保土保肥极差，需异地客土红壤植苗造林。

3. 阔叶林群落优化配置模式

适用条件：阔叶林群落优化配置模式适用于阳坡，以滇石栎、高山栎、元江栲等树种为乔木上层，以黄毛青冈、包斗栎等具有一定耐阴性的树种为乔木下层，以黑锁梅（*Rubus foliolosus*）、大白花杜鹃（*Rhododendron decorum*）、矮杨梅等耐阴性强，对土壤适应性强的树种为灌木层，地被层选择黑穗画眉草（*Eragrostis nigra*）、龙须草（*Juncus effusus*）、垂盆草（*Sedum sarmentosum*）等耐瘠薄的阴性植物。

① 模式 1：大乔木-小乔木-灌-草模式

树种：滇石栎、高山栎、元江栲、黄毛青冈、包斗栎、大白花杜鹃、黑锁梅、矮杨梅、黑穗画眉草、龙须草、垂盆草等。

密度控制：郁闭度在 0.6~0.7。

混交比例：常绿树种与落叶树种 6∶4。

混交模式：滇石栎+高山栎+元江栲-黄毛青冈+包斗栎-黑锁梅+大白花杜鹃+矮杨梅-黑穗画眉草+龙须草+垂盆草

② 模式二：乔-灌-草模式

树种：滇石栎、高山栎、元江栲、黄毛青冈、包斗栎、黑锁梅、大白花杜鹃、矮杨梅、黑穗画眉草、龙须草、垂盆草等。

密度控制：郁闭度在 0.6~0.7。

混交比例：常绿树种与落叶树种 6∶4。

混交模式：滇石栎+高山栎+元江栲+黄毛青冈+包斗栎-黑锁梅+大白花杜鹃+矮杨梅-黑穗画眉草+龙须草+垂盆草。

③ 模式三：大乔-小乔-草模式

树种：滇石栎、高山栎、元江栲、黄毛青冈、包斗栎、黑穗画眉草、龙须

草、垂盆草等。

密度控制:郁闭度在0.6~0.7。

混交比例:常绿树种与落叶树种6∶4。

混交模式:滇石栎+高山栎+元江栲+黄毛青冈+包斗栎-黑穗画眉草+龙须草+垂盆草。

4. 针叶林群落优化配置模式

适用条件:针叶林群落优化配置模式适用于阴坡,以云南松、华山松、滇油杉等树种为乔木上层,以麻栎、滇青冈等树种为乔木下层,以珍珠荚蒾(*Viburnum foetidum* var. *ceanothoides*)、狭叶链珠藤(*Alyxia schlechteri*)、混女贞(*Ligustrum confusum*)、头状四照花(*Dendrobenthamia capitata*)等树种为灌木层,地被层选择小铁仔、长叶兰(*Cymbidium erythraeum*)、牛膝(*Achyranthes bidentata*)、龙须草、破布草(*Stachys kouyangensis*)等耐瘠薄的阴性植物。

① 模式1:大乔木-小乔木-灌-草模式

树种:云南松、华山松、滇油杉、麻栎、滇青冈、珍珠荚蒾、狭叶链珠藤、混女贞、头状四照花、小铁仔、长叶兰、牛膝、龙须草、破布草等。

密度控制:郁闭度在0.6~0.7。

混交比例:针叶树种与阔叶树种6∶4。

混交模式:云南松+华山松+滇油杉-麻栎+滇青冈-珍珠荚蒾+狭叶链珠藤+混女贞+头状四照花-小铁仔+长叶兰+牛膝+龙须草+破布草。

② 模式2:乔-灌-草模式

树种:云南松、华山松、滇油杉、珍珠荚蒾、狭叶链珠藤、混女贞、头状四照花、小铁仔、长叶兰、牛膝、龙须草、破布草等。

密度控制:郁闭度在0.6~0.7。

混交比例:针叶树种与阔叶树种6∶4。

混交模式:云南松+华山松+滇油杉-珍珠荚蒾+狭叶链珠藤+混女贞+头状四照花-小铁仔+长叶兰+牛膝+龙须草+破布草。

③ 模式3:大乔-小乔-草模式

树种:云南松、华山松、滇油杉、麻栎、滇青冈、小铁仔、长叶兰、牛膝、龙须草、破布草等。

密度控制：郁闭度在0.6~0.7。

混交比例：针叶树种与阔叶树种6：4。

混交模式：云南松+华山松+滇油杉-麻栎+滇青冈-小铁仔+长叶兰+牛膝+龙须草+破布草。

第四章　滇东南区“三沿”绿化优化

一、区域概况

(一)自然概况

本区位于云南省东南部,介于东经 101°48′~106°12′、北纬 22°26′~24°46′,包括红河州的蒙自、个旧、石屏、建水、开远、弥勒、泸西、河口、屏边、元阳、绿春、金平、红河和文山州的马关、麻栗坡、富宁、西畴、文山、广南、砚山、丘北等 21 个县。

1. 红河州概况

红河州位于东经 101°47′~104°16′,北纬 22°26′~24°45′,地处云南省东南部,北连昆明,东接文山,西邻玉溪,南与越南接壤,北回归线横贯东西。

红河州地处低纬度亚热带高原型湿润季风气候区,在大气环流与错综复杂的地形条件下,气候类型多样,具有独特的高原型立体气候特征。州内四季不甚分明,但干、雨季节区分较为显著,每年 5~10 月为雨季,降雨量占全年降雨量的 80%以上,其中连续降雨强度大的时段主要集中于 6~8 月,且具有时空地域分布极不均匀的特点。

红河州地形分为山脉、岩溶高原、盆地(坝子)、河谷 4 部分。主要山脉为横断山脉南段澜沧江东侧的云岭南延东部分支哀牢山(西部分支为李仙江西侧的无量山)。红河大裂谷把境内地形分为南北两部分,南部为哀牢山余脉,北部为岩溶高原区,山脉、河流、盆地相间排列,地势较为平缓,喀斯特地貌尤为突出红河州最高处为金平县西南部西隆山,海拔 3074. 3m;最低处在河口县红河与南溪河汇合处,海拔 76. 4m。

红河州有高海拔、低纬度的地理特征,自然资源极为丰富,其中有

7500km^{2}属北亚热带，适宜各种作物生长。红河州自然保护区，分别为：云南金平分水岭国家级自然保护区、云南大围山国家级自然保护区、云南黄连山国家级自然保护区、元阳观音山省级自然保护区、红河阿姆山省级自然保护区、个旧市董棕林自然保护区（县级）。野生动植物资源丰富，堪称“天然动植物王国”，被誉为“滇南生物基因库”。

2. 文山州概况

文山州地处祖国西南边陲的云南省东南部，东与广西壮族自治区百色市接壤，南与越南接界，西与红河州毗邻，北与曲靖市相连。地处东经103°35′~106°12′，北纬22°40′~24°48′。

文山州地势西北高、东南低，山区和半山区占总土地面积的97%，最高点是文山县的薄竹山海拔2991.2m，最低点是麻栗坡县的船头（天保国家级口岸），海拔107m，平均海拔在1000~1800m。文山州地处云贵高原东南部。年平均气温19℃，年降雨量779mm，全年无霜期356d，日照时数2228.9h，多为亚热带气候，冬无严寒，夏无酷暑。境内有华盖木（*Manglietiastrum sinicum*）、樟、楠、红椿、香木莲（*Manglietia aromatica* Dandy）等珍稀树种。花卉资源以兰花最有名。

（二）植被概况

本区以岩溶山原地貌为主，南盘江与元江两大水系流经该区北部和西部，地势西北高东南低，北回归线横穿本区中部，冬暖夏热，属亚热带气候。滇东南与桂西南和越南北部一起构成了极为古老的、以热带和亚热带植物区系为主体的汇集中心，木兰科几乎各属齐全，特别是鹅掌楸、长蕊木兰（*Alcimandra cathcartii*）、拟木莲属（*Paramanglietia*）、假含笑（*Paramichelia baillonii*）、拟单性木兰属（*Parakmeria*）、观光木（*Michelia odora*）等，木莲和含笑的许多种类为当地植被的主要成分之一。东南亚热带雨林的特征植物龙脑香（*Dipterocarpus turbinatus*）、坡垒、望天树（*Parashorea chinensis*）、青梅等属多达6种。特有属和特有种都较丰富，如马蹄参、喙核桃（*Annamocarya sinensis*）、马尾树（*Rhoiptelea chiliantha*）、蝴蝶果（*Cleidiocarpon cavaleriei*）、蒜头果（*Malania oleifera*）、钟萼木（*Bretschneidera sinensis*）、金钱槭（*Dipteronia sinensis*）、翅荚木

(*Zenia insignis*)、檀栗(*Pavieasia pierre*)等。土壤类型主要有红壤、黄壤、赤红壤和石灰土等。

二、分区及特征

(一)北热带湿润区

分布范围河口及金平、屏边、马关、麻栗坡等县南部边缘海拔 400m 以下地区。气候湿热,热量充裕,夏长无冬,春秋相连,高温高湿,雨量充沛,雨热同季。河口年平均温度 22.7℃,最热月平均温度 27.7℃,最冷月平均温度 15.4℃,极端绝对最高温度 40.9℃,极端绝对最低温度 1.9℃,≥10℃活动积温 8242.3℃,年平均降水量 1785.2mm,其中雨季(5~10 月)降水量占全年降水量的 82%,年平均相对湿度 86%,日照时数为 1668.7h,全年无霜。

本区位于哀牢山以东,元江与南溪河汇合处的河谷地带及盘龙江下游河谷地带,最低处为南溪河口,海拔 76.4m。土壤以砖红壤和赤红壤为主。

本区为热性阔叶林,主要森林类型为云南龙脑香、毛坡垒林,林分结构复杂、组成树种繁多,优势树种不明显,层次结构不明显,树冠上下连接,为复层林。主林层以云南龙脑香、毛坡垒(*Hopea mollissima*)为标志,常混生有大叶山楝(*Aphanamixis polystachya*)、麻楝(*Chukrasia tabularis*)、葱臭木(*Dysoxylum excelsum*)、仪花(麻扎木 *Lysidice rhodostegia*)、无忧花(*Saraca dives*)、细子龙(*Amesiodendron chinense*)、番龙眼(*Pometia pinnata*)、鱼尾葵(*Caryota ochlandra*)、人面子(*Dracontomelon duperreanum*)等树种。

(二)北热带半湿润区

分布范围个旧、元阳、红河、富宁等县海拔 400m 以下地区。夏热冬暖,积温高,雨热同季,有明显的干湿季。年平均温度 21~22℃,最冷月平均温度在 15℃以上,≥10℃活动积温 7600~8000℃,年平均降水量 850~1200mm,其中雨季(5~10 月)降水量占全年降水量的 83%,全年无霜。

本区地处元江河谷和驮娘江河谷地带。土壤以赤红壤、燥红土为主。本区为热性阔叶林，主要森林类型为木棉、楹树（*Albizia chinensis*）林（富宁、马关、西畴、麻栗坡，海拔 1000m 以下），适应性大，分布广，是纬度最北的一类热性阔叶林。是在季风影响大，并有焚风作用，干季长而明显，土壤十分干燥，并有江面水汽调节的情况下发育起来的森林类型。林分结构较简单，多为单层林，组成树种多为落叶性。具有树冠大，树皮粗糙开裂，叶片较多毛或厚革质等旱生特点。林分组成树种较多，以木棉、楹树为代表种外，混生树种有朴叶扁担杆（*Grewia celtidifolia*）、香须树（*Albizia odoratissima*）、粗糠柴（*Mallotus philippensis*）、山黄麻、云南银柴（*Aporusa yunnanensis*）、云南黄杞（*Engelhardia spicata*）、翅蒴麻（*Triumfetta rhomboidea*）、无忧花（*Saraca dives*）、西南猫尾树（*Dolichandrone stipulata*）、垂叶榕（*Ficus benjamina*）、重阳木、八宝树（*Duabanga grandiflora*）、毛麻楝（*Chukrasia tabularis*）、绒苹婆（*Sterculia villosa*）、红椿、厚皮树（*Lannea coromandelica*）、心叶水团花（*Adina cordifolia*）、九层皮（*Buckleya henryi*）、火烧花（*Mayodendron igneum*）、多花白头树（*Garuga floribunda*）、土连翘（*Hymenodictyon flaccidum*）、滇榄仁（*Terminalia franchetii*）等。

（三）南亚热带湿润区

本区包括河口、金平、屏边、元阳、绿春、马关、西畴、麻栗坡等县，海拔 400~1100m 地区。本区热量充足，夏长无冬，春秋相连，冬春季节逆温显著，雨量充沛，干湿分明。年平均温度 18~20℃，最热月平均温度 22~25℃，最冷月平均温度 10~15℃，≥10℃活动积温 6000~7500℃，年平均降水量 1300~1800mm。雨季（5~10 月）降水量占全年降水量的 85%~90%，日照时数为 1900~2500h。

本区为滇东南岩溶高原的南延部分，地势西北高、东南低，为低山和丘陵，河流下切成峡谷，有藤条河、元江、南溪河、盘龙江等主要河流。土壤以砖红壤和赤红壤为主。植被为热性阔叶林，主要森林类型有千果榄仁、番龙眼林，大药树、龙果林及野橡胶、假含笑林。

千果榄仁(*Terminalia myriocarpa*)、番龙眼林(海拔500~900m),林木组成种类繁多,层次结构复杂,多为复层林。主林层主要有千果榄仁、番龙眼、翅子树(*Pterospermum acerifolium*)、老挝天料木(*Homalium laoticum*)、红椿、大叶合欢(*Albizia lebbeck*)、榕树(*Ficus microcarpa*)等树种。

见血封喉(大药树 *Antiaris toxicaria*)、龙果(*Pouteria grandifolia*)林(海拔600~1000m),林分树种组成复杂,种类繁多,优势树种和林分层次结构都不明显,树冠上下连接,为复层林。主林层主要有白颜树(*Gironniera subaequalis*)、云南白颜树(*Gironniera yunnanensis*)、银钩花(*Mitrephora thorelii*)、老人皮(*Polyalthia cerasoides*)、云树(*Garcinia cowa*)、大叶藤黄(*Garcinia xanthochymus*)、红光树(*Knema furfuracea*)、小叶红光树(*Knema globularia*)、狭叶红光树(*Knema cinerea*)、泰国黄叶树(*Xanthophyllum siamense*)、降真香(*Lignum dalbergiae*)、桃叶杜英(*Elaeocarpus prunifolius*)、杧果(*Mangifera indica*)、肉托果(*Semecarpus anacardium*)、梭果玉蕊(*Barringtonia fusicarpa*)、长柄金刀木(*Baccacurea longipes*)等几十种组成,在主林层之上分布有疏密不匀的高大林木,散生在林冠之上,组成树种常有大药树、高榕(*Ficus altissima*)、龙果、翅子树、紫薇(*Lagestroemia intermedia*)、云南石梓(*Gmelina arborea*)、橄榄(*Canarium album*)等20余种。

橡胶树(*Hevea brasiliensis*)、假含笑林(海拔600~1800m),林相整齐,树冠较大,但多呈圆球形,多数植物的叶片厚而光亮。林木组成种类复杂,常无明显的优势种,组成树种常见有橡胶树、假含笑、刺栲(*Castanopsis hystrix*)、肉桂(*Cinnamomum cassia*)、红木荷、浆果乌桕(*Sapium baccatum*)、肉托果(*Semecarpus anac*)、南酸枣(*Choerospondias axillaris*)、毛叶黄杞、槭叶翅子树、云南胡桐(*Calophyllum thorelii*)、薄托木姜子(*Litsea vang*)、截头石栎、蒺藜栲(*Castanopsis tribuloides*)、银叶栲(*Castanopsis argyrophylla*)、印度栲(*Castanopsis indica*)、杯状栲(*Castanopsis calathiformis*)、思茅栲(*Castanopsis ferox*)、木莲等。

(四)南亚热带半湿润区

本区包括个旧、元阳、红河、建水、石屏、蒙自、泸西、弥勒、文山、丘北、广南、富宁、西畴、麻栗坡等县，海拔400～1100m的地区。本区热量富裕，气温较高，冬无严寒，夏无酷暑，降水较多，但年内分配不匀，干湿分明，雨热同季。年平均温度19～20℃，最热月平均温度23.3～25.7℃，最冷月平均温度10.8～12.6℃，≥10℃活动积温6400～7200℃，年平均降水量1000～1200mm。雨季（5～10月）降水量占全年降水量的84%～88%。

本区为滇东南岩溶高原的南延部分，地势西南高、东北低，为低山和丘陵，河流下切成峡谷，有元江、盘龙江、西洋江、清水江、南盘江等主要河流。土壤有砖红壤、赤红壤、红壤、石灰土等。本区为热性阔叶林、暖热性阔叶林和暖性针叶林等。主要森林类型有滇木花生（*Madhuca pasquieri*）、云南蕈树（*Altingia yunnanensis*）林，西南桦（蒙自桦 *Betula alnoides*）林、杉木林等。

滇木花生、云南蕈树林（海拔800～1300m，金平、屏边、元阳、绿春），林木树种组成繁多，种类成分复杂，林相外貌浓密而整齐，林木组成中，常由滇木花生（*Madhuca pasquieri*）、云南蕈树（*Altingia yunnanensis*）、阿丁枫（*Altingia chinensis*）、肉托果、毛叶黄杞、李榄琼楠（*Beilschmiedia linocieroides*）、刺栲、红木荷、截头石栎、野木兰（*Michelia foveolata*）等为主，林层结构不明显。

西南桦林（500～1900m），林相较整齐，林分结构简单，以西南桦占优势，多为单层混交林，混生树种常见的有杯状栲、短刺栲（*Castanopsis echidnocarpa*）、南酸枣、檫木（*Sassafras tzumu*）、红木荷、山龙眼（*Helicia formosana*）、长毛八角枫（*Alangium kurzii*）、血桐（*Macaranga tanarius*）多种等。

（五）南亚热带半干旱区

包括红河州的建水、石屏、蒙自、开远、红河等县，海拔500～1300m的地区。属南亚热带季风气候，气温较高，夏长无冬，秋去春来，冬春温暖而无严寒，夏秋暖热而无酷暑，年降水量少，干湿季分明，雨季较迟。年平均温度18.5～21.1℃，最热月平均温度22.7～27.4℃，最冷月平均温度一般在12℃以上，≥10℃活动积温6200～7300℃，年平均降水量

800~860mm。5月底至6月初才进入雨季，雨季(5~10月)降水量占全年降水量的82%~90%，年平均相对湿度71%~72%，蒸发量大于降水量，年平均蒸发量2360~2430mm。

本区为岩溶地貌，地势起伏和缓，处于哀牢山以东的背风坡面，是云南少雨区之一，属南盘江水系。土壤有砖红壤、赤红壤、红壤、石灰土等。

本区为热性灌木林、暖性灌木林和暖性针叶林，森林类型主要有虾子花(*Woodfordia fruticosa*)、金合欢灌木林，清香木、铁仔灌木林和云南松疏林。

虾子花、金合欢灌木林(蛮耗至元江，海拔1200m以下)，季相变化明显，干季多半呈现黄或暗绿色，而雨季仍一片绿色，组成种类以虾子花、金合欢为标志，其次有滇刺枣、元江羊蹄甲(*Bauhinia esquirolii*)、红花柴(*Indigofera cassoides*)、土密树(*Bridelia tomentosa*)、灰毛浆果楝(*Cipadessa cinerascens*)、假虎刺(*Carissa spinarum*)、假杜鹃(*Barleria cristata*)、白饭树(*Flueggea virosa*)、白叶藤(*Cryptolepis sinensis*)、假木豆(*Dendrolobium triangulare*)等。高大树木如木棉、偏叶榕(*Ficus cyrtophylla*)、厚皮树、火绳树(*Eriolaena spectabilis*)、木紫珠(*Callicarpa arborea*)等。

清香木、铁仔灌木林(海拔900~1300m)，广泛分布于石灰岩山地，高矮不等，较稀疏，扎根于石缝石隙，与裸岩交互分布，常见的组成种类为清香木、铁仔，其次还有小叶栒子、金花小檗(*Berberis wilsonii*)、灰白荛花(*Wikstroemia canescens*)、硬叶木蓝(*Indigofera rigioclada*)、大花蔷薇(*Rosa spinosissima*)、山莓(*Rubus corchorifolius*)、野漆(*Toxicodendron succedaneum*)、常绿女贞(*Ligustrum vulgaris*)、清香桂(*Sarcococca ruscifolia*)等。

(六)中亚热带湿润区

本区包括河口、屏边、金平、元阳、绿春、马关、西畴、麻栗坡等县海拔1100~1500m地区。热量条件好，冬季温暖，夏季不热，四季如春，降水丰沛，季节分配不均，干湿季分明，雨热同季。年平均温度16.4~17.8℃，最热月平均温度17.9~21.4℃，最冷月平均温度一般在10℃以上，≥10℃活动积温5100~5900℃，年平均降水量1200~1800mm。雨季（5~10月）降水量占全年降水量的78%~91%，日照时数为1500~2100h。

本区为乌蒙山脉分支六诏山脉的南缘，大多属滇东南岩溶地貌，河谷切割强烈，山高谷深，地形复杂，地表破碎，以山地为主。有藤条河、元江、南溪河、盘龙江等主要河流。土壤有红壤、黄壤、石灰土等。

本区为暖热性阔叶林和暖性针叶林，主要森林类型有罗浮栲（*Castanopsis faberi*）、杯状栲林、桢楠、栲树林、云南松林、杉木林等。

罗浮栲、杯状栲林（海拔1300~1500m，非石灰岩，马关、西畴、麻栗坡，赤红壤），外貌具有浓厚的亚热带常绿阔叶林苍翠郁绿的色彩。组成森林的植物种类较为丰富。林分组成结构复杂，树种繁多，优势树种不明显，层次结构复杂，多为复层林。主林层林分组成树种以常绿树种占绝对优势，落叶树种在10%以下。组成树种有罗浮栲、杯状栲、截头石栎、水仙石栎（*Lithocarpus naiadarum*）、双齿山茉莉（*Huodendron biaristatum*）、云南柿（*Diospyros yunnanensis*）、马蹄荷、红花荷、毛木荷（*Schima villosa*）、桢楠、大毛叶木莲（*Manglietia megaphylla*）、黄杞、木瓜红、刺栲等。

桢楠、栲树林（海拔1200~1500m，喀斯特地区，黑色石灰土）。林冠整齐，呈现一片苍绿色调，混生有部分落叶树，于秋末、冬初季相出现黄、褐、紫等色的小斑块，其林分组成结构复杂，组成树种繁多，优势种不明显，林分层次结构不很明显，树冠上下连接，一般为复层林。主林层组成树种主要有桢楠、栲树、滇越猴欢喜（*Sloanea leptocarpa*）、异叶鹅掌柴（*Schefflera diversifoliolata*）、蛮青冈（*Cyclobalanopsis oxyodon*）、云南鹅耳枥（*Carpinus monbeigiana*）等，此外还见有长叶石栎（*Lithocarpus harlandii*）、薯豆（*Elaeocarpus japonicus*）、圆叶乌桕（*Sapium rotundifolium*）等。

（七）中亚热带半湿润区

本区包括个旧、元阳、泸西、弥勒、文山、丘北、广南、富宁、西畴、麻栗坡等县，海拔1100~1500m，建水、石屏、蒙自、开远、红河等县海拔1300~1600m地区。

气候温暖,热量条件较好,冬春气温偏高,夏季高温不足,雨量适中,干湿季分明,冬春干旱少雨,夏秋多雨。年平均温度 16~17℃,最热月平均温度 21~23℃,最冷月平均温度 8~10℃,≥10℃活动积温 5000~5800℃,年平均降水量 900~1200mm。雨季(5~10 月)降水量占全年降水量的 82%~88%,日照时数为 1700~2300h。

本区属滇东南岩溶山原地貌,地形复杂,被河流切割的中山,属元江和南盘江水系。土壤有红壤、黄壤、石灰土等。本区为暖性阔叶林和暖性针叶林,主要森林类型有枫香林、云南松林、云南油杉林和冲天柏林。

枫香林(包括广南、砚山、文山、蒙自、马关、麻栗坡、西畴、富宁,海拔 1200~2000m,赤红壤、红壤),林相整齐,色调一致,以枫香占优势的混交林,混交树种主要有糙叶树(*Aphananthe aspera*)、楹树、木棉等。

(八)北亚热带湿润区

本区包括河口、屏边、金平、元阳、绿春、马关、西畴、麻栗坡等县海拔 1500~1900m。气候温和,有冬无夏,春秋相连,雨量充沛,雨日较多,有干湿季之分。年平均温度 14.7~15.9℃,最热月平均温度 19.8~21.3℃,最冷月平均温度 7.2~9.1℃,≥10℃活动积温4300~4900℃,年平均降水量 1300~1800mm。雨季(5~10 月)降水量占全年降水量的 80%~89%,日照时数为 2000~2300h。

本区属滇东南岩溶山原地貌,有藤条河、元江、南溪河、盘龙江等主要河流。土壤有红壤、黄壤、石灰土等。本区为暖性阔叶林、暖性针叶林,主要森林类型有红花荷、润楠、石栎林,华山松林、杉木林等。

红花荷、润楠、石栎林(海拔 2000~2600m),林分组成树种多而复杂,一般都没有明显的优势种,在林分中数量较多或较显著的树种有红花荷、瑞丽润楠(*Machilus shweliensis*)、桢楠、毛果黄肉楠(*Actlnodaphxte trichocarpa*)、多肉新木姜(*Neolitsea aurata*)、大叶新木姜(*Neolitsea chinensis*)、木莲、红花木莲(*Manglietia insignis*)、长蕊木兰、厚鳞石栎(*Lithocarpus pachylepis*)、硬斗石栎、扁果青冈(*Cyclobalanopsis chapensis*)、银木荷、红淡比、毛果猴欢喜(*Sloanea dasycarpa*)、桃叶杜英、木瓜红。其

林分层次结构也较复杂，各树种的树冠上下重叠连续，层次划分不太明显，但都为复层林。

（九）北亚热带半湿润区

本区包括个旧、元阳、泸西、弥勒、文山、丘北、广南、富宁、西畴、麻栗坡等县，海拔1500～1900m，建水、石屏、蒙自、开远、红河等县海拔 1600～2000m 地区。属北亚热带高原季风气候，冬温夏暖，四季不分明，降水适中，干湿分明，雨热同季，干凉同季。年平均温度 14～16.1℃，最热月平均温度 19～21℃，最冷月平均温度 7～10℃，≥10℃ 活动积温 4200～4900℃，年平均降水量 830～1100mm。雨季（5～10 月）降水量占全年降水量的 84%～91%，日照时数为 1900～2100h。

本区属滇东南岩溶山原地貌，属元江和南盘江水系。土壤有红壤、石灰土等。本区为暖性常绿阔叶林和暖性针叶林，主要森林类型有滇青冈林、云南松林、云南油杉林和冲天柏林。

滇青冈林（包括文山、砚山，海拔 1300～1600m），主要分布于石灰岩山地或玄武岩陡坡，以河谷两侧的坡地或喀斯特残丘多见。一般具有暗绿色而较为平整的林冠。早春或晚秋季节，由于个别落叶树种的叶子变色而夹杂着彩色的斑点。一般高度较低，林冠较稀疏，加上树干多弯曲，树皮厚，分枝多，林内下木不发达等特征，反映出偏干生境下发育的一类较为典型的常绿阔叶林。林分层次结构比较简单，多为单层林。常以滇青冈占绝对优势，占 5～6 层，一般混生树种有滇石栎、滇桢楠（*Machilus yunnanensis*）、长梗润楠（*Machilus longipedicellata*）、窄叶石楠（*Photinia stenophylla*）、云南樟、大果冬青（*Ilex macrocarpa*）、金江槭（*Acer paxii*）、山枇杷（*Viburnum rhytidophyllum*）、元江栲、窄叶石栎、光叶石栎（*Lithocarpus mairei*）、香叶树、清香木、光叶海桐（*Pittosporum glabratum*）、短萼海桐（*Pittosporum brevicalyx*）、滇新樟（*Neocinnamomum caudatum*）、新木姜子、滇山桂花（*Paramichelia baillonii*）、密花树、红叶树（*Cotinus coggygria*）等树种，同时也混生少量落叶树种，常见的有滇合欢（*Albizia simeonis*）、锐齿槲栎、滇朴、旱冬瓜、野漆、大榉树（*Zelkova schneideriana*）、鸡嗉子、滇鹅耳枥、皮哨子、化香（*Platycarya strobilacea*）等。

三、备选树种及造林技术成熟度评价

(一)备选树种

此区域主要造林树种见表 4-1。

表 4-1 滇东南“三沿”绿化树种

分区名	乔木	灌木
北热带湿润区	秃杉、鸡毛松、竹柏、山桂花、黄缅桂、华盖木、黄樟、肉桂、铁刀木、格木、印度紫檀、黑黄檀、降香黄檀、光叶红豆、榄绿红豆、肥皂荚、肥荚红豆、任豆、凤凰木、苏木、红花羊蹄甲、蓝花楹、高阿丁枫、马蹄荷、脉叶虎皮楠、红锥、榉树、滇波罗蜜、红河榕、高山榕、云南沉香、大叶杜英、水石榕、苹婆、灯台树、红木荷、铁力木、毛坡垒、云南龙脑香、望天树、擎天树、千果榄仁、蒜头果、红椿、麻楝、苦楝、川楝、绒毛番龙眼、南酸枣、白枪杆、异株木犀榄、团花、火烧花、大花紫薇、柚木、云南石梓、董棕、龙竹、勃氏甜龙竹	山毛豆、马鹿花、羽叶山黄麻、清香木、萝芙木、黄花夹竹桃
北热带半湿润区	竹柏、山桂花、黄缅桂、黄樟、肉桂、铁刀木、格木、印度紫檀、黑黄檀、降香黄檀、肥皂荚、肥荚红豆、任豆、凤凰木、苏木、酸角、红花羊蹄甲、蓝花楹、高阿丁枫、脉叶虎皮楠、红锥、榉树、红河榕、高山榕、云南沉香、水石榕、木棉、苹婆、灯台树、红木荷、铁力木、千果榄仁、蒜头果、红椿、麻楝、苦楝、川楝、绒毛番龙眼、南酸枣、白枪杆、异株木犀榄、心叶水团花、火烧花、大花紫薇、云南石梓、柚木、龙竹、勃氏甜龙竹	山毛豆、马鹿花、羽叶山黄麻、余甘子、清香木、萝芙木、黄花夹竹桃
南亚热带湿润区	杉木、秃杉、鸡毛松、竹柏、百日青、山桂花、黄缅桂、华盖木、云南拟单性木兰、长蕊木兰、馨香木兰、红花木莲、香木莲、仁昌木莲、大果木莲、中缅木莲、大叶木莲、川滇木莲、观光木、多花含笑、南亚含笑、金叶含笑、醉香含笑、高大含笑、毛果含笑、黄樟、香樟、云南樟、香油果、肉桂、桢楠、滇润楠、长梗润楠、冬樱花、铁刀木、格木、黑黄檀、降香黄檀、光叶红豆、榄绿红豆、屏边红豆、肥荚红豆、任豆、凤凰木、苏木、红花羊蹄甲、蓝花楹、喜树、肋果茶、红花荷、高阿丁枫、蒙自阿丁枫、马蹄荷、脉叶虎皮楠、西南桦、红锥、杯状栲、榉树、滇波罗蜜、红河榕、高山榕、云南沉香、山杜英、大叶杜英、水石榕、苹婆、灯台树、重阳木、红木荷、铁力木、云南龙脑香、望天树、千果榄仁、蒜头果、滇木花生、红椿、麻楝、苦楝、川楝、绒毛番龙眼、复羽叶栾树、南酸枣、白枪杆、异株木犀榄、团花、火烧花、大花紫薇、柚木、云南石梓、董棕、棕榈、龙竹、勃氏甜龙竹	山毛豆、马鹿花、金银花、木芙蓉、金丝桃、清香木、萝芙木、馥郁滇丁香

（续）

分区名	乔木	灌木
南亚热带半湿润区	竹柏、百日青、山桂花、黄缅桂、云南拟单性木兰、馨香木兰、香木莲、多花含笑、醉香含笑、高大含笑、黄樟、香樟、云南樟、香油果、肉桂、冬樱花、铁刀木、格木、黑黄檀、降香黄檀、肥荚红豆、任豆、凤凰木、苏木、酸角、红花羊蹄甲、蓝花楹、滇合欢、山合欢、喜树、肋果茶、红花荷、高阿丁枫、蒙自阿丁枫、枫香、脉叶虎皮楠、西南桦、红锥、杯状栲、白栎、榉树、红河榕、高山榕、构树、云南沉香、水石榕、木棉、苹婆、灯台树、重阳木、红木荷、铁力木、千果榄仁、蒜头果、滇木花生、红椿、麻楝、苦楝、川楝、绒毛番龙眼、云南无患子、复羽叶栾树、南酸枣、黄连木、白枪杆、尖叶木犀榄、异株木犀榄、火烧花、大花紫薇、柚木、云南石梓、棕榈、龙竹、勃氏甜龙竹	火棘、山毛豆、马鹿花、苦刺、金银花、羽叶山黄麻、木芙蓉、余甘子、金丝桃、清香木、萝芙木、黄花夹竹桃
南亚热带半干旱区	云南松、冲天柏、香油果、冬樱花、球花石楠、红叶石楠、栎叶枇杷、短萼海桐、凤凰木、苏木、酸角、山合欢、枫香、滇青冈、红河榕、构树、木棉、重阳木、苦楝、川楝、复羽叶栾树、黄连木、白枪杆、尖叶木犀榄、火烧花	火棘、山毛豆、马鹿花、苦刺、羽叶山黄麻、余甘子、车桑子、清香木
中亚热带湿润区	华山松、杉木、秃杉、冲天柏、侧柏、翠柏、百日青、云南红豆杉、华盖木、云南拟单性木兰、长蕊木兰、馨香木兰、滇藏木兰、红花木莲、香木莲、仁昌木莲、大果木莲、中缅木莲、大叶木莲、川滇木莲、观光木、多花含笑、南亚含笑、金叶含笑、醉香含笑、高大含笑、毛果含笑、麻栗坡含笑、厚朴、鹅掌楸、香樟、云南樟、香油果、桢楠、滇润楠、长梗润楠、檫木、冬樱花、球花石楠、红叶石楠、任豆、滇合欢、山合欢、四照花、喜树、蓝果树、肋果茶、鳞斑荚蒾、蒙自阿丁枫、马蹄荷、红花荷、枫香、西南桦、光皮桦、旱冬瓜、川滇桤木、滇青冈、杯状栲、栓皮栎、麻栎、榉树、滇朴、构树、杜仲、山杜英、云南梧桐、红木荷、铁力木、小果卫矛、脉瓣卫矛、滇木花生、香椿、复羽叶栾树、黄连木、乌柏、三角枫、五角枫、飞蛾槭、川滇三角枫、白枪杆、异株木犀榄、棕榈、灰金竹	云南含笑、贴梗海棠、云南紫荆、苦刺、金银花、木芙蓉、映山红、金丝桃、清香木、馥郁滇丁香

（续）

分区名	乔　木	灌　木
中亚热带半湿润区	银杏、云南松、翠柏、冲天柏、侧柏、百日青、华盖木、云南拟单性木兰、馨香木兰、香木莲、多花含笑、南亚含笑、醉香含笑、高大含笑、麻栗坡含笑、山玉兰、鹅掌楸、香樟、云南樟、香油果、滇润楠、长梗润楠、冬樱花、球花石楠、红叶石楠、任豆、滇合欢、山合欢、四照花、喜树、蓝果树、肋果茶、鳞斑荚蒾、蒙自阿丁枫、红花荷、枫香、西南桦、光皮桦、旱冬瓜、川滇桤木、滇青冈、杯状栲、白栎、栓皮栎、麻栎、滇石栎、榉树、滇朴、构树、杜仲、云南梧桐、重阳木、红木荷、小果卫矛、脉瓣卫矛、滇木花生、香椿、复羽叶栾树、云南无患子、黄连木、乌柏、三角枫、五角枫、飞蛾槭、川滇三角枫、白枪杆、尖叶木犀榄、云南木犀榄、棕榈、灰金竹	云南含笑、火棘、贴梗海棠、云南紫荆、苦刺、金银花、木芙蓉、映山红、金丝桃、清香木
北亚热带湿润区	华山松、秃杉、翠柏、云南红豆杉、云南拟单性木兰、滇藏木兰、多花含笑、深山含笑、南亚含笑、麻栗坡含笑、厚朴、鹅掌楸、云南樟、香油果、桢楠、滇润楠、长梗润楠、檫木、冬樱花、球花石楠、红叶石楠、四照花、蓝果树、肋果茶、鳞斑荚蒾、枫香、光皮桦、旱冬瓜、川滇桤木、滇青冈、栓皮栎、麻栎、滇朴、构树、杜仲、云南梧桐、小果卫矛、脉瓣卫矛、香椿、复羽叶栾树、黄连木、乌柏、三角枫、五角枫、飞蛾槭、川滇三角枫、棕榈、灰金竹	云南含笑、贴梗海棠、云南紫荆、西南花楸、异叶海桐、苦刺、木芙蓉、映山红、金丝桃、清香木
北亚热带半湿润区	银杏、云南松、翠柏、冲天柏、侧柏、云南拟单性木兰、多花含笑、南亚含笑、麻栗坡含笑、山玉兰、鹅掌楸、云南樟、香油果、滇润楠、长梗润楠、冬樱花、球花石楠、红叶石楠、四照花、蓝果树、肋果茶、鳞斑荚蒾、枫香、光皮桦、旱冬瓜、川滇桤木、滇青冈、白栎、栓皮栎、麻栎、滇朴、杜仲、构树、云南梧桐、小果卫矛、脉瓣卫矛、香椿、复羽叶栾树、云南无患子、黄连木、乌柏、三角枫、五角枫、飞蛾槭、川滇三角枫、尖叶木犀榄、云南木犀榄、棕榈、灰金竹	云南含笑、火棘、贴梗海棠、云南紫荆、异叶海桐、苦刺、木芙蓉、映山红、金丝桃、清香木

(二)造林技术成熟度评价

大规模造林的树种:云南松、华山松、杉木、秃杉(*Taiwania flousiana*)、冲天柏、侧柏、檫木、冬樱花、任豆(*Zenia insignis*)、西南桦、光皮桦、旱冬瓜、川滇桤木、杜仲、云南沉香(*Aquilaria yunnanensis*)、木棉、红木荷、乌桕、白枪杆、柚木(*Tectona grandis*)、棕榈、龙竹(*Dendrocalamus giganteus*)、勃氏甜龙竹(*Dendrocalamus brandisii*)、灰金竹(*Phyllostachys nigra*)、山毛豆(*Tephrosia candida*)、马鹿花、苦刺、金银花(*Lonicera japonica*)、车桑子、清香木。

小规模示范的树种:银杏、翠柏(*Calocedrus macrolepis*)、竹柏(*Podocarpus nagi*)、百日青(*Podocarpus neriifolius*)、云南红豆杉(*Taxus yunnanensis*)、山桂花、云南拟单性木兰、红花木莲、山玉兰(*Magnolia delavayi*)、厚朴(*Magnolia officinalis*)、鹅掌楸、厚朴、黄樟(*Cinnamomum porrectum*)、肉桂(*Cinnamomum cassia*)、香樟、云南樟、香叶树、桢楠、球花石楠、红叶石楠(*Photinia × fraseri*)、栎叶枇杷(*Eriobotrya prinoides*)、短萼海桐、铁刀木(*Cassia siamea*)、格木(*Erythrophleum fordii*)、印度紫檀(*Pterocarpus indicus*)、降香黄檀(*Dalbergia odorifera*)、酸角(*Tamarindus indica*)、蓝花楹、红花羊蹄甲(*Bauhinia blakeana*)、滇合欢、四照花、喜树(*Camptotheca acuminata*)、肋果茶(*Sladenia celastrifolia*)、高阿丁枫(*Altingia excelsa*)、蒙自阿丁枫、马蹄荷、枫香、红锥(*Castanopsis hystrix*)、滇青冈、构树(*Broussonetia papyrifera*)、灯台树(*Bothrocaryum controversum*)、重阳木、铁力木(*Mesua ferrea*)、毛坡垒、云南龙脑香、望天树、千果榄仁、蒜头果、滇木花生、红椿、麻楝、苦楝、川楝、香椿、绒毛番龙眼(*Pometia tomentosa*)、复羽叶栾树、川滇无患子、南酸枣、黄连木、三角枫(*Acer buergerianum*)、团花(*Neolamarckia cadamba*)、云南石梓、云南含笑、火棘、贴梗海棠、云南紫荆、羽叶山黄麻(*Trema laevigata*)、木芙蓉(*Hibiscus mutabilis*)、余甘子、萝芙木(*Rauvolfia verticillata*)。

处于试验研究阶段的树种:鸡毛松(*Podocarpus imbricatus*)、黄缅桂(*Michelia champaca*)、华盖木、云南拟单性木兰、长蕊木兰、馨香木兰(*Magnolia odoratissima*)、滇藏木兰(*Magnolia campbellii*)、香木莲、仁昌

木莲(*Manglietia chingii*)、大果木莲、中缅木莲(*Manglietia hookeri*)、大叶木莲(*Manglietia megphylla*)、川滇木莲(*Manglietia duclouxii*)、观光木、多花含笑、深山含笑(*Michelia maudiae*)、南亚含笑、金叶含笑(*Michelia foveolata*)、醉香含笑(*Michelia macclurei*)、高大含笑、毛果含笑(*Michelia sphaerantha*)、麻栗坡含笑、山玉兰、滇润楠、长梗润楠(*Machilus longipedicellata*)、黑黄檀(*Dalbergia fusca*)、光叶红豆(*Ormosia glaberrima*)、榄绿红豆(*Ormosia olivacea*)、屏边红豆(*Ormosia pingbianensis*)、肥皂荚(*Gymnocladus chinensis*)、肥荚红豆(*Ormosia fordiana*)、凤凰木(*Delonix regia*)、苏木(*Gaesalpinia sappan*)、山合欢(*Albizia kalkora*)、蓝果树(*Nyssa sinensis*)、鳞斑荚蒾(*Viburnum punctatum*)、红花荷、脉叶虎皮楠(*Potentilla fruticosa*)、杯状栲、白栎(*Quercus fabri*)、栓皮栎、麻栎、滇石栎、榉树、滇朴、滇波罗蜜(*Artocarpus lakoocha*)、红河榕(*Ficus microcarpa*)、高山榕(*Ficus altissima*)、大叶杜英(*Elaeocarpus balansae*)、山杜英(*Elaeocarpus sylvestris*)、水石榕(*Elaeocarpus hainanensis*)、苹婆(*Sterculia nobilis*)、云南梧桐(*Firmiana major*)、小果卫矛(*Euonymus microcarpus*)、脉瓣卫矛、五角枫(*Acer pictum*)、飞蛾槭(*Acer oblongum*)、川滇三角枫(*Acer paxii*)、异株木犀榄(*Olea dioica*)、尖叶木犀榄、云南木犀榄、心叶水团花、火烧花、大花紫薇、董棕(*Caryota urens*)、西南花楸、异叶海桐(*Pittosporum heterophyllum*)、映山红、金丝桃、黄花夹竹桃(*Thevetia peruviana*)、馥郁滇丁香(*Luculia gratissima*)。

四、推荐配置模式

(一)北热带湿润区

1. 生态景观林

①模式1:针阔混交的特有珍稀树种景观

树种:鸡毛松、华盖木。

密度控制:56株/亩,株行距3m×4m。

混交比例:鸡毛松5∶华盖木5。

混交模式:行间混交。

适用条件:宜林地、宜林荒山,砖红壤,厚层土,土质疏松、肥沃,山体中、下部,全坡向,忌积水。

②模式 2:阔阔混交的雨林标志树种景观

树种:云南龙脑香、绒毛番龙眼。

密度控制:28 株/亩,株行距 4m×6m。

混交比例:云南龙脑香、绒毛番龙眼。

混交模式:行间混交。

适用条件:宜林地、宜林荒山,砖红壤,厚层土,土质疏松、肥沃,山体中下部、沟谷,全坡向,忌积水。

③模式 3:阔阔混交的点缀式雨林标志树种景观

树种:擎天树、毛坡垒、肥荚红豆。

密度控制:17 株/亩,株行距约 5m×8m。

混交比例:擎天树 4∶坡垒 3∶肥荚红豆 3。

混交模式:不规则混交。

适用条件:低效次生林,砖红壤,厚层土,土质疏松、肥沃,山体中下部、沟谷,全坡向,忌积水。

2. 生态防护林

①模式 1:阔阔混交的珍贵用材防护兼用林

树种:柚木、云南石梓。

密度控制:56 株/亩,株行距 3m×4m。

混交比例:柚木 5∶南酸枣 5。

混交模式:带状混交、块状混交。

适用条件:宜林地、宜林荒山,砖红壤,中、厚层土,土质疏松、肥沃,山体中、下部,阳坡、半阳坡,忌积水。

②模式 2:阔阔混交的宽行窄株型珍贵用材防护兼用林

树种:千果榄仁。

密度控制:37 株/亩,株行距约 3m×6m。

配置模式:宽行窄株。

适用条件:低效次生林,砖红壤,厚层土,土质疏松、肥沃,山体中下部、沟谷,全坡向,忌积水。

(二)北热带半湿润区

1. 生态景观林

①模式1:阔阔混交的花色红艳景观

树种:木棉、大花紫薇。

密度控制:56株/亩,株行距4m×4m。

混交比例:木棉5∶大花紫薇5。

混交模式:带状混交,木棉在下部,大花紫薇在上部。

适用条件:宜林地、宜林荒山,砖红壤,厚层土,土质疏松、肥沃,山体中、下部,全坡向。

②模式2:阔阔混交的点缀式季雨林标志树种景观

树种:麻楝、心叶水团花、苏木。

密度控制:17株/亩,株行距5m×8m。

混交比例:麻楝4∶心叶水团花3∶苏木3。

混交模式:不规则混交。

适用条件:低效次生林,砖红壤,厚层土,土质疏松、肥沃,山体中、下部、沟谷,全坡向,忌积水。

2. 生态防护林

①模式1:阔阔混交的珍贵用材防护兼用林

树种:红椿、南酸枣。

密度控制:56株/亩,株行距3m×4m。

混交比例:红椿5∶南酸枣5。

混交模式:带状混交、块状混交。

适用条件:宜林地、宜林荒山,砖红壤,中、厚层土,土质疏松、肥沃,山体中、下部,阳坡、半阳坡、半阴坡,忌积水。

②模式2:阔阔混交的宽行窄株型珍贵用材防护兼用林

树种:榉树。

密度控制:37株/亩,株行距约3m×6m。

配置模式:宽行窄株。

适用条件:低效次生林,砖红壤,厚层土,土质疏松、肥沃,山体中、下部，阳坡、半阳坡、半阴坡，忌积水。

（三）南亚热带湿润区

1. 生态景观林

①模式 1：阔阔混交的特有木兰科树种景观

树种：高大含笑、长蕊木兰、大果木莲。

密度控制：56 株/亩，株行距 4m×4m。

混交比例：高大含笑 4∶长蕊木兰 3∶大果木莲 3。

混交模式：带状混交、块状混交。

适用条件：宜林地、宜林荒山，赤红壤，厚层土，土质疏松、肥沃，山体中、下部，全坡向，忌积水。

②模式 2：阔阔混交的特有树种花红景观

树种：红花木莲、红花荷。

密度控制：28 株/亩，株行距 4m×4m。

混交比例：红花木莲 6∶红花荷 4。

混交模式：带状混交。

适用条件：宜林地、宜林荒山，赤红壤，厚层土，土质疏松、肥沃，山体中下部、沟谷，全坡向，忌积水。

③模式 3：阔阔混交的点缀式常绿阔叶林标志树种景观

树种：醉香含笑、脉叶虎皮楠、水石榕。

密度控制：17 株/亩，株行距约 5m×8m。

混交比例：醉香含笑 4∶脉叶虎皮楠 3∶水石榕 3。

混交模式：不规则混交。

适用条件：低效次生林，赤红壤，厚层土，土质疏松、肥沃，山体中下部、沟谷，全坡向，忌积水。

2. 生态防护林

①模式 1：针阔混交的珍贵用材防护兼用林

树种：秃杉、桢楠。

密度控制：56 株/亩，株行距 3m×4m。

混交比例：秃杉 5∶桢楠 5。

混交模式：带状混交。

适用条件：宜林地、宜林荒山，赤红壤，中、厚层土，土质疏松、肥沃，山体中、下部，阴坡、半阴坡，忌积水。

②模式2：阔阔混交的珍贵用材防护兼用林

树种：铁力木。

密度控制：27株/亩，株行距约5m×5m。

混交模式：不规则混交。

适用条件：低效次生林，赤红壤，中、厚层土，土质疏松、肥沃，山体中、下部，半阳坡、半阴坡、阴坡，忌积水。

（四）南亚热带半湿润区

1. 生态景观林

①模式1：阔阔混交的冬季花色红艳景观

树种：冬樱花、红花羊蹄甲。

密度控制：42株/亩，株行距4m×4m。

混交比例：冬樱花5∶红花羊蹄甲5。

混交模式：带状混交、块状混交。

适用条件：个旧至元阳的旅游公路路域，宜林地、宜林荒山，赤红壤，中、厚层土，土质疏松、肥沃，山体中、下部，全坡向，忌积水。

②模式2：阔阔混交的特有树种景观

树种：云南拟单性木兰、黄樟、异株木犀榄。

密度控制：74株/亩，株行距3m×3m。

混交比例：云南拟单性木兰4∶黄樟3∶异株木犀榄3。

混交模式：带状混交、块状混交。

适用条件：宜林地、宜林荒山，赤红壤，厚层土，土质疏松、肥沃，山体中、下部，全坡向，忌积水。

③模式3：阔阔混交的季风常绿阔叶林景观

树种：高阿丁枫、红木荷。

密度控制：74株/亩，株行距3m×3m。

混交比例：高阿丁枫5∶红木荷5。

混交模式:带状混交。

适用条件:宜林地、宜林荒山,赤红壤,厚层土,土质疏松、肥沃,山体中、下部,全坡向,忌积水。

④模式4:阔阔混交的点缀式季风常绿阔叶林标志树种景观

树种:鹅掌楸、黄缅桂、多花含笑。

密度控制:27株/亩,株行距约5m×5m。

混交比例:鹅掌楸4∶黄缅桂3∶多花含笑3。

混交模式:不规则混交。

适用条件:低效次生林,赤红壤,厚层土,土质疏松、肥沃,山体中下部,全坡向,忌积水。

2. 生态防护林

①模式1:阔阔混交的珍贵用材防护兼用林

树种:山桂花、铁力木。

密度控制:56株/亩,株行距3m×4m。

混交比例:山桂花6∶铁力木4。

混交模式:带状混交。

适用条件:宜林地、宜林荒山,赤红壤,中、厚层土,土质疏松、肥沃,山体中、下部,阳坡、半阳坡、半阴坡,忌积水。

②模式2:阔阔混交的珍贵用材防护兼用林

树种:西南桦、红锥。

密度控制:27株/亩,株行距约5m×5m。

混交比例:西南桦5∶红锥5。

混交模式:不规则混交。

适用条件:低效次生林,赤红壤,中、厚层土,土质疏松、肥沃,山体中、下部,阳坡、半阳坡、半阴坡,忌积水。

(五)南亚热带半干旱区

1. 生态景观林

①模式1:阔阔混交的喀斯特标志树种景观

树种:短萼海桐、栎叶枇杷。

密度控制:74 株/亩,株行距 3m×3m。

混交比例:短萼海桐 6∶栎叶枇杷 4。

混交模式:带状混交。

适用条件:宜林地、宜林荒山,赤红壤、红壤、石灰土,中、厚层土,山体中、下部,全坡向,忌积水。

②模式 2:乔灌混交的喀斯特季相景观

树种:黄连木、清香木。

密度控制:126 株/亩,黄连木株行距 4m×4m,清香木株行距 2m×2m。

混交比例:黄连木 5∶清香木 5。

混交模式:行间混交。

适用条件:宜林地、宜林荒山,赤红壤、红壤、石灰土,中、厚层土,山体中、下部,全坡向,忌积水。

③模式 3:阔阔混交的点缀式喀斯特标志树种景观

树种:白枪杆、重阳木、冬樱花。

密度控制:42 株/亩,株行距约 4m×4m。

混交比例:白枪杆 4∶重阳木 3∶冬樱花 3。

混交模式:不规则混交。

适用条件:云南松、桉树低效林,灌木林。赤红壤、红壤、石灰土,中、厚层土,全坡位,全坡向,忌积水。

2. 生态防护林

①模式 1:针阔混交的用材防护兼用林

树种:云南松、白枪杆。

密度控制:111 株/亩,株行距 2m×3m。

混交比例:云南松 5∶白枪杆 5。

混交模式:不规则混交。

适用条件:宜林地、宜林荒山,赤红壤、红壤、石灰土,中、厚层土,全坡位,全坡向,忌积水。

②模式 2:乔灌混交的用材防护兼用林

树种:白枪杆、苦刺。

密度控制:167 株/亩,株行距约 2m×2m。

混交比例:白枪杆 4∶苦刺 6。

混交模式:不规则混交。

适用条件:云南松、桉树低效林,灌木林。赤红壤、红壤、石灰土,中、厚层土,全坡位,全坡向,忌积水。

(六)中亚热带湿润区

1. 生态景观林

①模式 1:阔阔混交的特有木兰科树种景观

树种:深山含笑、南亚含笑。

密度控制:42 株/亩,株行距 4m×4m。

混交比例:深山含笑 5∶南亚含笑 5。

混交模式:带状混交。

适用条件:宜林地、宜林荒山,黄壤,厚层土,土质疏松、肥沃,山体中、下部,全坡向,忌积水。

②模式 2:阔阔混交的特有红果景观

树种:香油果、鳞斑荚蒾。

密度控制:42 株/亩,株行距 4m×4m。

混交比例:香油果 6∶鳞斑荚蒾 4。

混交模式:带状混交。

适用条件:宜林地、宜林荒山,黄壤,厚层土,土质疏松、肥沃,山体中下部、沟谷,全坡向,耐水涝。

③模式 3:阔阔混交的点缀式常绿阔叶林标志树种景观

树种:滇润楠、长梗润楠、肋果茶。

密度控制:37 株/亩,株行距约 3m×6m。

混交比例:滇润楠 4∶长梗润楠 3∶肋果茶 3。

混交模式:不规则混交。

适用条件:云南松、桉树低效林,灌木林。黄壤,厚层土,土质疏松、肥沃,山体中、下部,全坡向,忌积水。

2. 生态防护林

①模式 1:针阔混交的用材防护兼用林

树种:秃杉、旱冬瓜。

密度控制:111 株/亩,株行距 2m×3m。

混交比例:秃杉 6 : 旱冬瓜 4。

混交模式:带状混交。

适用条件:宜林地、宜林荒山,黄壤,中、厚层土,土质疏松、肥沃,山体中、下部,半阳坡、半阴坡、阴坡,忌积水。

②模式 2:阔阔混交的用材防护兼用林

树种:杉木、桢楠。

密度控制:111 株/亩,株行距 2m×3m。

混交比例:杉木 5 : 桢楠 5。

混交模式:带状混交、块状混交。

适用条件:宜林地、宜林荒山,黄壤,中、厚层土,土质疏松、肥沃,山体中、下部,半阳坡、半阴坡、阴坡,忌积水。

③模式 3:针阔、阔阔混交的用材防护兼用林

树种:檫木

密度控制:28 株/亩,株行距约 4m×6m。

混交模式:不规则混交。

适用条件:云南松、桉树低效林,灌木林。黄壤,中、厚层土,土质疏松、肥沃,山体中、下部,全坡向,忌积水。

(七)中亚热带半湿润区

1. 生态景观林

①模式 1:阔阔混交的特有木兰科树种馨香景观

树种:香木莲、馨香木兰。

密度控制:42 株/亩,株行距 4m×4m。

混交比例:香木莲 5 : 馨香木兰 5。

混交模式:带状混交。

适用条件:丘北普者黑至广南坝美旅游公路路域,红壤、黄壤,中、厚层土,土质疏松、肥沃,山体中、下部,全坡向,忌积水。

②模式 2:阔阔混交的喀斯特常绿硬阔叶树种景观

树种：滇青冈、滇石栎。

密度控制：111 株/亩，株行距 2m×3m。

混交比例：滇青冈 6∶滇石栎 4。

混交模式：带状混交。

适用条件：宜林地、宜林荒山，红壤、石灰土，中、厚层土，全坡位，全坡向，忌积水。

③模式 3：阔阔混交的点缀式喀斯特季相景观

树种：枫香、滇青冈、冬樱花。

密度控制：37 株/亩，株行距约 3m×6m。

混交比例：枫香 4∶滇青冈 3∶冬樱花 3。

混交模式：不规则混交。

适用条件：云南松、桉树低效林，灌木林。红壤、石灰土，中、厚层土，全坡位，全坡向，忌积水。

2. 生态防护林

①模式 1：针阔混交的用材防护兼用林

树种：云南松、川滇桤木。

密度控制：167 株/亩，株行距 2m×2m。

混交比例：云南松 7∶川滇桤木 3。

混交模式：带状混交。

适用条件：宜林地、宜林荒山，红壤、石灰土，中、厚层土，全坡位，全坡向，忌积水。

②模式 2：针阔混交的用材防护兼用林

树种：旱冬瓜、云南松。

密度控制：111 株/亩，株行距 2m×3m。

混交比例：云南松 6∶旱冬瓜 4。

混交模式：不规则混交。

适用条件：云南松低效林，红壤，中、厚层土，全坡位，全坡向，忌积水。

③模式 3：阔阔混交的用材防护兼用林

树种：川滇桤木、蓝桉。

密度控制:111 株/亩,株行距 2m×3m。

混交比例:蓝桉 3∶川滇桤木 7。

混交模式:不规则混交。

适用条件:蓝桉低效林,红壤,中、厚层土,全坡位,全坡向,耐水涝。

(八)北亚热带湿润区

1. 生态景观林

①模式 1:阔阔混交的特有木兰科树种景观

树种:云南拟单性木兰、麻栗坡含笑。

密度控制:42 株/亩,株行距 4m×4m。

混交比例:云南拟单性木兰 6∶麻栗坡含笑 4。

混交模式:带状混交。

适用条件:宜林地、宜林荒山,黄壤,厚层土,土质疏松、肥沃,山体中、下部,全坡向,忌积水。

②模式 2:特有竹林景观

树种:灰金竹。

密度控制:56 株/亩,株行距 3m×4m。

适用条件:宜林地、宜林荒山,黄壤,厚层土,土质疏松、肥沃,山体中下部、沟谷,全坡向,耐水涝。

③模式 3:阔阔混交的点缀式常绿阔叶林标志树种景观

树种:云南樟、滇润楠、香油果。

密度控制:33 株/亩,株行距约 4m×5m。

混交比例:云南樟 4∶滇润楠 3∶香油果 3。

混交模式:不规则混交。

适用条件:云南松、桉树低效林,灌木林。黄壤,中、厚层土,土质疏松、肥沃,山体中、下部,全坡向,忌积水。

2. 生态防护林

①模式 1:针阔混交的用材防护兼用林

树种:华山松、檫木。

密度控制:111 株/亩,株行距 2m×3m。

混交比例：华山松 6∶檫木 4。

混交模式：带状混交。

适用条件：宜林地、宜林荒山，黄壤，中、厚层土，土质疏松、肥沃，山体中、下部，半阳坡、半阴坡、阴坡，忌积水。

②模式 2：阔阔混交的用材防护兼用林

树种：檫木、旱冬瓜、云南松、蓝桉。

密度控制：111 株/亩，株行距 2m×3m。

混交比例：檫木 5∶旱冬瓜 5。

混交模式：带状混交、块状混交。

适用条件：云南松、桉树低效林，灌木林。黄壤，中、厚层土，土质疏松、肥沃，山体中、下部，全坡向，忌积水。

（九）北亚热带半湿润区

1. 生态景观林

①模式 1：乔灌混交的特有木兰科树种景观

树种：山玉兰、云南含笑。

密度控制：126 株/亩，山玉兰株行距 4m×4m，云南含笑株行距 2m×2m。

混交比例：山玉兰 4∶云南含笑 6。

混交模式：带状混交。

适用条件：宜林地、宜林荒山，红壤、石灰土，中、厚层土，山体中、下部，全坡向，忌积水。

②模式 2：阔阔混交的喀斯特常绿阔叶树种景观

树种：滇青冈、球花石楠。

密度控制：111 株/亩，株行距 2m×3m。

混交比例：滇青冈 5∶球花石楠 5。

混交模式：带状混交。

适用条件：宜林地、宜林荒山，红壤、石灰土，中、厚层土，全坡位，全坡向，忌积水。

③模式 3：阔阔混交的点缀式喀斯特季相景观

树种:球花石楠、滇朴、冬樱花。

密度控制:37 株/亩,株行距约 3m×6m。

混交比例:球花石楠 4∶滇朴 3∶冬樱花 3。

混交模式:不规则混交。

适用条件:云南松、桉树低效林,灌木林。红壤、石灰土,中、厚层土,全坡位,全坡向,忌积水。

2. 生态防护林

①模式 1:针阔混交的用材防护兼用林

树种:冲天柏、川滇桤木。

密度控制:167 株/亩,株行距 2m×2m。

混交比例:冲天柏 7∶川滇桤木 3。

混交模式:带状混交。

适用条件:宜林地、宜林荒山,红壤、石灰土,中、厚层土,全坡位,全坡向,忌积水。

②模式 2:针阔、阔阔混交的用材防护兼用林

树种:旱冬瓜、云南松、蓝桉。

密度控制:111 株/亩,株行距 2m×3m。

混交比例:云南松(蓝桉)5∶旱冬瓜 5。

混交模式:带状混交、块状混交。

适用条件:云南松、桉树低效林,灌木林。黄壤,中、厚层土,土质疏松、肥沃,山体中、下部,全坡向,忌积水。

第五章　滇南滇西南区“三沿”绿化优化

一、区域概况

（一）自然概况

本区地处云南南部和西南部，位于东经 97°31′~102°19′、北纬 21°08′~25°52′，行政区域包括西双版纳州景洪、勐海、勐腊，普洱市思茅、宁洱、墨江、景东、景谷、镇沅、江城、孟连、澜沧、西盟，临沧市临翔、云县、凤庆、永德、镇康、耿马、沧源、双江，德宏州芒市、瑞丽、梁河、盈江、陇川等县（市）。本区属横断山系纵谷地区南部，境内山地为高黎贡山，云岭支脉哀劳山、无量山，怒山余脉大雪山、邦马山、老别山、道仁山。地貌为河流切割而成的开阔中低山、中山宽谷盆地地貌，近河谷地区为高山。境内山川分布多为东北——西南走向，地势起伏与山川分布形势相一致，总趋势是东北高，西南低。最高点为临沧市境内的永德大雪山，海拔3429m，最低处为盈江县中缅交界拉沙河与缅甸穆雷江的交汇处，海拔210m。除部分地区山岭较陡外，一般地区地势起伏较小，山间盆地较多，一般河谷地区海拔为 800m 左右，高原面海拔在 1000~1500m，山地海拔在 2000~2500m。河流分属怒江、澜沧江、元江和伊洛瓦底江水系。澜沧江的主要支流有威远江、小黑江、南碧河，怒江的主要支流有南汀河、南棒河、施甸河；元江水系的主要河流有李仙江及其支流把边江、阿墨江；伊洛瓦底江水系有大盈江、槟榔江、瑞丽江和龙江等，区域内蕴藏着丰富水利资源。

本区包括有北热带、南亚热带、中亚热带、北亚热带气候类型，气温高，热量丰富，雨量充沛，气候条件十分优越。年平均温度 14~22℃，最热月平均温度 20~24℃，最冷月平均温度 6~15℃以上，≥10℃活动积温

4200~7950℃。年平均降水量1000~2800mm，但年内分配不均匀，背风坡及河谷地带较少，西南部迎风坡山区较多，整个地区除一些河谷地带因受焚风影响较干燥外，一般山地较多雾，随地形和海拔变化，自北向南湿度渐增。受哀牢山、无量山的阻拦，北方的冷空气受阻，冬季潮影响小。

土壤成土母岩主要有砂岩、花岗岩、砂岩、紫色砂页岩、千枚岩、片岩、片麻岩、玄武岩、石灰岩等。由于成土母质复杂，土壤类型较多，主要有砖红壤、赤红壤，多分布在本区热带、南亚热带区域，雨量充沛，土壤母质风化强烈，一般土层深厚，质地黏重，富铝化作用明显，有机质含量较高。山地主要分布着红壤、黄红壤、黄壤、紫色土、石灰土及棕壤等，由于降雨集中，暴雨多，土壤冲刷严重，红壤地区的土层一般较薄，石砾含量多。

1. 西双版纳州自然概况

西双版纳位于东经99°55′~101°50′，北纬21°10′~22°40′，处于北回归线以南的热带北部边沿。州内最高点是勐海县勐宋乡的滑竹梁子，海拔2429m，最低点是澜沧江与南腊河的会合处，海拔477m。

西双版纳地处热带北部边缘，北有哀牢山、无量山为屏障，阻挡了南下的寒流；南面东西两侧靠近印度洋和孟加拉湾，夏季受印度洋的西南季风和太平洋东南气流的影响，造成了高温多雨、干湿季分明而四季不明显的气候特点，因而西双版纳气候终年温暖湿润，无四季之分，只有干湿季之别，干季从当年11月到翌年4月，湿季5~10月。雨量充沛，阳光充足，年降雨量1136~1513mm。湿季期间，云雨多，风速小，日照少，气温高，湿度大。干季期间，云雨少，光照强，雾露浓重。西双版纳年平均气温18.9~22.6℃。

西双版纳是我国热带生态系统保存最完整的地区，素有“植物王国”“动物王国”“生物基因库”“植物王国桂冠上的一颗绿宝石”等美称。

全州有森林面积151.66万hm^2，有勐养、勐腊、勐仑、尚勇、曼稿、纳板河流域6个国家级自然保护区，其中几十万亩为保护完好的原始森林。在蓊郁叠翠、莽莽苍苍的热带雨林中，有高等植物5000多种，其中特有植物100多种,如望天树、版纳青梅(*Vatica guangxiensis*)、云南肉豆蔻(*Myristica yunnanensis*)等;濒危植物100多种,如西南紫薇、铁力木、云南石梓、云南美登木(*Maytenus hookeri*)等。众多的植物种属相互交错生长,形成了热带雨林、热带季雨林、亚热带常绿阔叶林、苔藓常绿阔叶林、南亚热带针叶阔叶混交林、竹木混交林、灌木林等复杂多样的植被景观。走进"植物王国",进入原始森林就能见到"见血封喉"的箭毒木(*Antiaris toxicaria*)、"植物界的舞蹈家"跳舞草(*Codariocalyx motorius*)、"植物的绞杀者"榕树、高达70m的望天树等各种热带雨林珍贵植物。在各种植物中,药用植物资源十分丰富,其中,有芳香健胃药砂仁(*Amomum villosum*),健胃驱虫药槟榔(*Areca catechu*),有制造国产血竭的主要原料龙血树(*Dracaena draco*),制造云南白药的主要原料七叶一枝花(*Paris polyphylla*),制造降压灵的萝芙木,等等。在西双版纳这个"植物王国"里,水果资源、花卉植物、油脂植物、香料植物、染料植物、纤维植物、淀粉植物、蔬菜植物也十分丰富。

2. 普洱市自然概况

普洱市位于云南省西南部,地处东经99°09′~102°19′、北纬22°02′~24°50′。东临红河、玉溪,南接西双版纳,西北连临沧,北靠大理、楚雄,东南与越南、老挝接壤,西南与缅甸毗邻,普洱是云南省面积最大的州(市)。

普洱市境内群山起伏,全区山地面积占98.3%。北回归线横穿普洱市中部,由于地处北回归线附近,受地形、海拔影响,垂直气候特点明显,海拔高度在376~3306m之间。

普洱由于受亚热带季风气候的影响,这里大部分地区常年无霜,冬无严寒,夏无酷暑,享有"绿海明珠""天然氧吧"之美誉。普洱市海拔在317~3370m之间,中心城区海拔1302m,普洱市年均气温15~20.3℃,年无霜期在315d以上,年降水量1100~2780mm,负氧离子含量在七级以上。

普洱市森林覆盖率超过67%,茶园达21.2万hm^2,有2个国家级自然保护区、4个省级自然保护区,是云南"动植物王国"的缩影,全国生物多样性最丰富的地区之一;是北回归线上最大的绿洲,被联合国环境署称为“世界的天堂,天堂的世界”。普洱市林业用地面积 310.4 万 hm^2,是云南省重点林区、重要的商品用材林基地和林产工业基地。

3. 临沧市自然概况

临沧市地处云南省西南部,位于东经 98°40′~100°32′,北纬 23°05′~25°03′,北回归线横穿辖区南部,澜沧江、怒江流经辖区东、西两侧,东邻普洱市,北连大理州,西接保山市,西南与缅甸交界。

临沧市地处横断山系怒山山脉南延部分,属滇西纵谷区。全境重峦叠嶂,群峰纵横。境内最高点为海拔 3429m 的永德大雪山,最低点为海拔 450m 的孟定清水河,相对高差达2979m。地势中间高,四周低,并由东北向西南逐渐倾斜。

临沧市属亚热带低纬高原山地季风气候,主要受印度洋暖湿气流和西南季风的影响,四季之分不明显,但干雨季分明,雨水较多,日照时间长,年平均日照数在 2000h 以上。全市可划分为北热带、南亚热带、中亚热带、北亚热带、南温带、中温带 6 个气候带,年平均气温为 17.3℃,无霜期 317~357d,年均降水量 920~1750mm,年均日照 1894.1~2261.6h。具有光热资源充足、四季差异不明显、夏无酷暑、冬无严寒、干湿季分明、降水充沛、立体气候显著的特点。

临沧市区内植被呈垂直带状分布特征,植物种类繁多,主要树种有云南松、思茅松、麻栎、椎木荷、桤木、华山松等,是云南省重点林区之一。截至 2017 年,有自然保护区 5 个,其中国家级自然保护区 2 个、省级自然保护区 2 个、县级自然保护区 1 个(永德德党后山自然保护区),自然保护小区 1 个。2016 年,全市森林覆盖率 65%。有乔木 89 个科 436 个属3700多种,其中商品木材树种 70 个科 271 种、常用商品木材树种 27 种、主要珍贵树种 21 种、主要经济林树种 28 种。

4. 德宏州自然概况

德宏州地处我国西南边陲,在云南省西部中缅边境,位于东经 97°31′~98°43′、北纬 23°50′~25°20′,是云南省 8 个少数民族自治州之一。东和东北与保山市的龙陵、腾冲相邻,南、西和西北三面与缅甸联邦接壤,全州除梁河县外其他县市都有国境线,国境线长达 503.8km。

德宏地处云贵高原西部横断山脉的南延部分,高黎贡山的西部山脉延伸入德宏境内形成东北高而陡峻，西南低而宽缓的切割山原地貌，全州海拔最高点在盈江北部大娘山，为3404.6m，海拔最低点也在盈江的西部那邦坝的羯羊河谷，海拔仅有210m，全州一般海拔在800～2100m，州府芒市海拔为920m，地表景观由“三山”（大娘山、打鹰山、高黎贡山尾部山脉）、“三江”（怒江、大盈江、瑞丽江）、“四河”（芒市河、南畹河、户撒河、芒东河）和大小不等的28个河谷盆地（坝子）构成。

德宏气候资源也是得天独厚的，全州紧靠北回归线附近，所处纬度低，受印度洋西南季风影响，属于南亚热带季风气候，东北面的高黎贡山挡住西伯利亚南下的干冷气流入境，入夏有印度洋的暖湿气流沿西南倾斜的山地迎风坡上升，形成丰沛的自然降水，加之低纬度高原地带太阳入射角度大，空气透明度好，是全国的光照高质区之一，年降水量1400～1700mm，年平均气温18.4～20℃，年日照2281～2453h，年积温6400～7300℃，年陆地蒸发量在1400～1900mm，干旱指数在0.4～1.2之间。形成冬无严寒，夏无酷暑，雨量充沛，雨热同期，干冷同季，年温差小，日温差大，霜期短、霜日少，的特点，为多种作物提供良好的生长和越冬条件。

森林分布在不同的气候带：热带、北亚热带季风气候，主要植被为龙脑香、阿萨姆娑罗双（*Shorea assamica*）、柚木、美登木（*Maytenus hookeri*）、肉楂（*Crataegus succulenta*）、竹类等；在亚热带，主要植被为阔叶林，以红椎、栎类、栲类、木荷、红椿、楠木、柚木、油茶、松树等为主；在暖温带，主要植被为常绿阔叶林、杉木、松树、油茶、核桃等；在温带山地，评分植被为铁杉（*Tsuga chinensis*）、高山栎、杜鹃灌木丛等。珍稀保护树种有：属国家一级保护植物的秃杉；属国家二级保护植物的四数木（*Tetrameles nudiflora*）、董棕滇桐（*Craigia yunnanensis*）、云南黄连（*Coptis teeta*）、香果树（*Emmenopterys henryi*）、云南石梓、鹅掌楸、铁刀木、大树杜鹃（*Rhododendron protistum*）、云南娑罗双、野茶树（*Camellia assamica*）、云南山茶花（*Camellia reticulata*）、鹿角蕨（*Platycerium wallichii*）等；属国家三级保护植物的顶果木（*Acrocarpus fraxinifolius*）、波罗蜜（*Artocarpus heterophyllus*）、盈江龙脑香（*Dipterocarpus gracilis*）、瑞丽山龙眼（*Helicia shweliensis*）、天料木（*Homalium cochinchinense*）、滇楠（*Phoebe nanmu*）、紫

薇、木姜子(*Litsea pungens*)、厚朴、林生杧果(*Mangifera sylvatic*)、木莲、红椿、铁杉、多果榄仁(*rhododendron fictolacteum*)、苏铁(*Cycas revoluta*)、香樟、云南肉豆蔻、云南七叶树(*Aesculus wangii*)、云南苏铁(*Cycas siamensis*)等。德宏竹类品种繁多,历史便有“竹乡”美誉。还有普通野生稻、野生甘蔗、胡秃果、西番莲(*Passiflora caerulea*)、橄榄、篓瓜(*Trichosanthes kirilowii*)、猕猴桃(*Actinidia chinensis*)、番石榴(*Psidium guajava*)等。此外,云南大叶茶群体种遍布全州,德宏小粒咖啡以味香质优享誉世界。

(二)植被概况

本区植物种类繁多,森林资源丰富,地带性植被,南部和西南部海拔较低的地带受西南季风影响较大,降雨充沛,热量高,但由于气候带和海拔的差异,区域内有热性阔叶林、暖热性阔叶林、暖性阔叶林、暖热性针叶林、暖性针叶林、大型竹林等。

热性阔叶林的主要标志种森林类型有:①望天树林,主要分布在西双版纳州的勐腊县海拔700~1100m;②千果榄仁、番龙眼林,主要分布在西双版纳州的景洪、勐腊,临沧市的耿马、沧源海拔500~900m;③版纳青梅林(*Vatica shishuanbanaensis* forest),主要分布在西双版纳州的勐腊县海拔750~1000m的范围内;④铁刀木林,主要分布在西双版纳州的景洪、勐腊,临沧市的双江、耿马、沧源,德宏州盈江、芒市、瑞瑞丽陇川等海拔600~1200m的范围;⑤铁力木林,主要分布在景洪、勐海、勐腊,瑞丽、陇川、双江、耿马、沧源等海拔650~1200m的范围;⑥见血封喉树(大药树)、龙果林,主要分布在景洪、勐腊、耿马、沧源等海拔600~1000m的范围;⑦云南婆罗双(*Shorea assamica*)林,主要分布在盈江,海拔450~800m的范围;⑧肉托果(*Semecarpus reticulate*)、滇楠林主要分布在景洪、勐海、耿马、沧源等海拔800~1700m的范围;⑨野橡胶、假含笑林等为主的热带雨林,主要分布在普洱、西双版纳、临沧和德宏海拔700~1500m的范围。

本区域暖热性阔叶林的主要标志种森林类型有:①刺栲、印度栲林,主要分布在景洪、勐海、墨江、思茅、宁洱、景谷、镇沅、双江、临翔、潞西、盈江、沧源、凤庆、腾冲、龙陵等海拔1000～1500m 的范围之间；②小果栲(*Castanopsis fleurvi*)、截头石栎林，主要分布在云县、双江、景东、镇沅、景谷等海拔 1300～1900m 之间；③西南桦林，主要分布在勐海、景洪、宁洱、思茅、景谷、镇沅、双江、沧源、临翔、盈江、腾冲、龙陵等海拔 700～1500m 的范围内。

本区域暖性阔叶林的主要标志种森林类型有：①高山栲林，主要分布在勐海、思茅、宁洱、墨江、景谷、景东、镇沅、澜沧、西盟、临翔、凤庆、腾冲、龙陵、梁河县等海拔 1500～2000m 的范围；②旱冬瓜林，主要分布在墨江、宁洱、思茅、景谷、镇沅、澜沧、西盟、镇康、耿马、沧源、临翔、凤庆、腾冲、龙陵、盈江、陇川、梁河海拔 1000～2000m 的范围之间；③麻栎林，主要分布在思茅、墨江、江城、宁洱、景谷、景东、镇沅、澜沧、西盟、镇康、耿马、沧源、临翔、凤庆、腾冲、龙陵、陇川、梁河海拔 800～2000m 的范围内；④栓皮栎林，主要分布在景洪、勐海、思茅、墨江、江城、宁洱、景东、镇沅、澜沧、西盟、临翔、凤庆、腾冲、龙陵、梁河、陇川等海拔 1500～2000m 的范围；⑤野核桃林，主要分布在景东、镇沅、临翔、凤庆、腾冲、龙陵、梁河等海拔1600～2000m 的范围；⑥油茶林，主要分布在凤庆、腾冲、龙陵、陇川等海拔 1600～2000m 的范围；⑦乌桕林，主要分布在勐海、景洪、思茅、墨江、宁洱、景东、镇沅、澜沧、临翔、凤庆、腾冲、龙陵、梁河、陇川等海拔 800～1800m 的范围。

暖热性针叶林的主要标志种森林类型有：①思茅松林，主要分布在思茅、宁洱、墨江、景谷、景东、镇沅、临翔、梁河、潞西、景洪、勐腊等海拔 700～1800m 的范围；②翠柏林，主要分布在思茅、墨江、临翔、澜沧、龙陵等海拔 1800～2000m 的范围之间；③秃杉林，主要分布在勐海、思茅、宁洱、墨江、景谷、景东、镇沅、澜沧、西盟、临翔、凤庆、腾冲、龙陵、梁河县等海拔 1500～2000m 的范围；④云南松林，主要分布在腾冲、龙陵等海拔 1500～2000m 的范围之间；⑤杉木林，主要分布在腾冲、龙陵、梁河海拔 1000～1800m 的范围内。

大型竹林的主要标志种竹种有：①龙竹，主要分布在景洪、勐海、勐腊、思茅、宁洱、墨江、澜沧、双江、沧源、盈江、潞西县等海拔 700～1300m 的范围；②版纳甜龙竹(*Dendrocalamus latiforus*)，主要分布在景洪、勐海等海拔 600~1000m 的范围之间;③勃氏甜龙竹主要分布在景洪、勐海、宁洱、墨江、澜沧、思茅、双江、沧源、盈江等海拔 700~1100m 的范围内。

二、分区及特征

路域分区根据滇南滇西南区域不同的自然地理、气候、水文、土壤和植被等因素,将路域区划分为 8 个气候类型区。即北热带湿润、北热带半湿润区、南亚热带湿润区、南亚热带半湿润区、中亚热带湿润、中亚热带半湿润区、北亚热带湿润、北亚热带半湿润区。区域内因地质、地貌、热量和降水等影响形成不同的气候、土壤和植被特征,各区特征分述于如下。

(一)北热带湿润区

包括西双版纳州景洪、勐腊,普洱市江城、孟连、澜沧,临沧市沧源、耿马和德宏州芒市、畹町、瑞丽、陇川、盈江等海拔 700m 以下中低山盆谷区域。光照充足,热量丰富,年平均温度在 20℃以上,年≥10℃年积温大于 7500℃,最冷月均温 15℃以上,多年平均极端最低气温在 3℃以上,全年基本无霜。年降水量 1400~1800mm,年干燥度 0.7~0.9。土壤为砖红壤,本区自然植被保存较好,物种丰富。森林类型为湿性雨林、湿性季节性雨林、干性季节性雨林、半常绿季雨林。本区由热性阔叶林组成,森林类型主要有云南龙脑香林、毛坡垒林、千果榄仁林、番龙眼林、望天树林、版纳青梅林、云南娑罗双林、铁刀木林、高榕毛麻楝林等,植物种类多,各种类型均由多种树组成,常见的树种有见血封喉、麻楝、番龙眼、千果榄仁、沟谷中分布有热带树种和代表热带森林的龙脑香科望天树,云南龙脑香(*Diperocarpus retusus*)、盈江龙脑香、毛坡垒、云南娑罗双、羯布罗香(*Diperocarpus turbinatus*)、版纳青梅等。

(二)北热带半湿润区

本区为双江、永德等海拔 700m 以下中低山盆谷区域。光照充足,热量丰富,年平均温度在 20℃以上,年≥10℃年积温大于 7500℃,最冷月均温 15℃以上,多年平均极端最低气温在 3℃以上,全年基本无霜,年降雨量 1000~1200mm，降水分配不匀，有明显的干湿季，干季各月雾露较重，年干燥度<1.0。土壤为砖红壤，自然植被保存较好，森林类型为湿性季节性雨林、干性季节性雨林、半常绿季雨林。本区由热性阔叶林组成，森林类型主要有刺桐、千果榄仁林、番龙眼林、铁力木林、小花龙血树林、高榕、毛麻楝林等，植物种类较多，各种类型均由多种树组成，常见的树种有千果榄仁、见血封喉、麻楝、番龙眼等。

（三）南亚热带湿润区

本区为西双版纳州景洪、勐海、勐腊，普洱市墨江、宁洱、思茅、景谷、镇沅、景东、澜沧、西盟，临沧市临翔、耿马、沧源、凤庆和德宏州芒市、瑞丽、盈江、陇川、梁河等县路域区海拔700~1400m 低山缓坡区域，本区光、热、水资源丰富，年平均温度在 18~20℃，年≥10℃年积温 6000~7500℃，最冷月均温 10~15℃，多年平均极端最低气温在 0~3℃，无霜期 330d 左右。年降水量 1500~2200mm。本区土壤为黄色赤红壤、赤红壤，森林类型有热性、暖热性阔叶林和暖热性针叶林，森林具有热带成分，组成的季风常绿阔叶林、山地雨林的树种较多，有时混生少量落叶树种，常见的树种有毛木荷、山桂花、滇楠、普文楠（*Phoebe puwenensis*）、桢楠、西南桦、刺栲、思茅栲等热带树种和代表热性针叶树种如思茅松、翠柏等。

（四）南亚热带半湿润区

本区为景东、双江、云县和永德等县海拔 700~1400m 低山缓坡区域，本区光、热、水资源丰富，年平均温度在 18~20℃之间，年≥10℃年积温 6000~7500℃，最冷月均温 10~15℃，多年平均极端最低气温 0~3℃，无霜期 330d 左右，年降雨量 1000~1200mm。本区土壤为黄色赤红壤、赤红壤，森林类型有热性、暖热性阔叶林和暖热性针叶林，季风常绿阔叶林、山地雨林的树种较多，混生落叶树种，常见的树种有山桂花、普文楠、西南桦、小果栲、印度栲、刺栲、毛木荷、思茅松等。

（五）中亚热带湿润区

本区为勐海、墨江、宁洱、思茅、景谷、镇沅、澜沧、西盟、镇康、耿马、沧源、临翔、凤庆、腾冲、龙陵、芒市、瑞丽、盈江、陇川、梁河海拔1400～1700m区域，年平均温度在16～18℃，≥10℃年积温5000～6500℃，最冷月均温8～10℃，多年平均极端最低气温-3～0℃，年降水量1230～2750mm。本区土壤主要为黄壤、红壤。本区为暖热性阔叶林和暖热性针叶林，森林由常绿阔叶林、落叶阔叶林、暖性针叶林树种组成。常见的树种有印度栲、刺栲、麻栎、大叶栎、西南木荷（*Schima wallichii*）、银木荷、西南桦、云南樟、大果冬青、思茅松、秃杉等。

（六）中亚热带半湿润区

本区为景东、双江、云县、永德海拔1400～1700m区域，年平均温度在16～18℃之间，≥10℃年积温在5000～6500℃，最冷月均温8～10℃，多年平均极端最低气温-3～0℃，年降水量900～1000mm。本区土壤主要为黄壤、红壤。本区森林主要由半湿润常绿阔叶林、落叶阔叶林和针叶林树种组成。常见的树种有西南木荷、银木荷、刺栲、麻栎、大叶栎、西南桦、云南樟、大果冬青、思茅松、云南松等。

（七）北亚热带湿润区

本区为腾冲、龙陵、墨江、宁洱、思茅、景谷、镇沅、澜沧、西盟、镇康、耿马、沧源、临翔、凤庆、腾冲、龙陵、芒市、瑞丽、盈江、陇川、梁河路域区海拔1700～2000m区域，该区年平均温度在14～16℃，≥10℃年积温4200～5100℃，最冷月均温6～8℃，极端最低气温平均值-5～-3℃，霜区4～5个月，年降雨量1300～1800mm。本区土壤主要为黄壤、黄红壤、红壤。本区有暖性常绿阔叶林、暖性落叶和暖性针叶林，森林由常绿阔叶林、落叶阔叶林、暖性针叶林树种组成。常见的有麻栎、高山栲、栓皮栎、锥连栎、滇青冈、油茶、杉木、秃杉、云南红豆杉、思茅松、云南松等。

(八)北亚热带半湿润区

本区为景东、双江、云县、永德海拔 1700~2000m 区域,该区年平均温度在 14~16℃,≥10℃年积温 4200~5100℃,最冷月均温 6~8℃,极端最低气温平均值-5~-3℃,霜区4~5个月,年降雨量 850~1100mm。本区土壤主要为黄壤、黄红壤、红壤。本区有暖性常绿阔叶林、暖性落叶和暖性针叶林,森林由常绿阔叶林、落叶阔叶林、暖性针叶林树种组成。常见的有麻栎、高山栲、栓皮栎、锥连栎、滇青冈、油茶、杉木、野核桃、思茅松、云南松等。

三、备选树种及造林技术成熟度评价

路域区绿化美化根据区域内宜林荒山、次生林、低效林等进行增绿补植、优化结构,适地选择树种,绿化美化与路域区自然气候、自然生态景观相结合,具有更好的视觉景观效果、生态价值和经济价值。结合滇南区域内主要的森林类型选择具有区域特点的乡土树种、雨林树种、珍贵树种和具有点缀作用的观叶(彩叶)树、观花树、灌木和竹类作为绿化美化造林树种。

(一)备选树种

此区主要备选树种见表 5-1。

表 5-1　滇南滇西南路域区备选树种

分区	乔木	灌木
北热带湿润区	望天树、云南龙脑香、盈江龙脑香、毛坡垒、云南娑罗双、羯布罗香、版纳青梅、千果榄仁、柚木、云南石梓、降香黄檀、铁刀木、印度紫檀、山楝、麻楝、毛麻楝、绒毛番龙眼、铁力木、滇楠、红椿、梭果玉蕊、火烧花、山红树、长叶竹柏、大黄栀子、红花羊蹄甲、无忧花、假苹婆、五桠果、槟榔、假槟榔、鱼尾葵、黄金间碧竹、巨龙竹、龙竹、勃氏甜龙竹等	江边刺葵、九里香、三药槟榔、白花羊蹄甲、假连翘、栀子花、小粒咖啡、棕竹、扶桑、洒金榕等
北热带半湿润区	羯布罗香、铁刀木、黑黄檀、柚木、云南石梓、团花、降香黄檀、印度紫檀、绒毛番龙眼、山桂花、铁力木、肉桂、红椿、麻楝、苦楝、大黄栀子、羊蹄甲、鱼尾葵、龙竹、版纳甜龙竹等	江边刺葵、棕竹、白花羊蹄甲、假连翘、假苹婆、异株木犀榄、小粒咖啡、棕竹、洒金榕等

（续）

分区	乔木	灌木
南亚热带湿润区	盈江龙脑香、望天树、羯布罗香、黑黄檀、铁刀木、千果榄仁、格木、印度紫檀、麻楝、绒毛番龙眼、铁力木、山桂花、西南桦、高阿丁枫、肉桂、团花、南酸枣、红椿、苦楝、东京枫杨、大叶木兰、苦楝、川楝、南酸枣、油桐、普文楠、桢楠、云南樟、大果杜英、大叶紫薇、瓜栗、菩提树、柳叶榕、灯台树、喜树、伯乐树、滇桂木莲、思茅黄檀、白克木、长叶竹柏、云南波罗蜜、浆果乌桕、火焰树、粉花羊蹄甲、澜沧杜英、山杜英、西南猫尾木、蓝花楹、红花油茶、杉木、思茅松、秃杉、版纳甜龙竹、龙竹、佛肚竹、勃氏甜龙竹等	长枝山竹、棕竹、茶树、萝芙木、小粒咖啡、多蕊木、丹桂、桂花、丁香、柳叶洒金榕、佛手、白花羊蹄甲、夹竹桃、油茶、鹅掌柴、扶桑、膏桐、大叶茶、九里香等
南亚热带半湿润区	羯布罗香、黑黄檀、铁刀木、粉花山扁豆、凤凰木、格木、印度紫檀、钝叶黄檀、麻楝、绒毛番龙眼、铁力木、山桂花、云南石梓、滇桂木莲、西南桦、红椿、苦楝、川楝、榉树、南酸枣、普文楠、大叶木兰、大果杜英、瓜栗、高阿丁枫、肉桂、云南樟、菩提树、柳叶榕、灯台树、大叶紫薇、光叶石楠、白克木、粉花羊蹄甲、竹柏、浆果乌桕、火焰树、乌桕、小叶榕、油樟、箭毒树、柚子、印度栲、毛叶青冈、红锥、肋果茶、思茅松、版纳甜龙竹、龙竹等	香橼、草莓番石榴、银叶巴豆、余甘子、多蕊木、金合欢、算盘子、红千层、虾子花、夹竹桃、滇丁香、金丝桃等
中亚热带湿润区	西南桦、南酸枣、旱冬瓜、东京枫杨、油桐、云南红豆杉、红锥、高山栲、喜树、长蕊木兰、大叶木兰、马掛木、红花木莲、球花石楠、红花油茶、滇桂木莲、银木荷、西南木荷、红花羊蹄甲、异株木犀榄、大花紫薇、桢楠、黄樟、云南樟、天竹桂、红叶乌桕、脉叶虎皮楠、印度栲、毛叶青冈、大果青冈、大叶石栎、栓皮栎、红花油茶、思茅松、杉木、秃杉、慈竹等	茶树、厚皮香、红継木、多蕊木、丁香、洒金榕、蜡梅、佛手、海桐、毛杨梅、夹竹桃、鹅掌柴、马缨杜鹃、扶桑、膏桐等
中亚热带半湿润区	云南油杉、旱冬瓜、冬樱花、黄樟、云南樟、天竹桂、清香木、皮哨子、皂角树、三角槭、高山栲、黄连木、红锥、云南拟单性木兰、鹅掌楸、红花木莲、球花石楠、红木荷、西南木荷、红花羊蹄甲、异株木犀榄、大花紫薇、乌桕、脉叶虎皮楠、马桑、肋果茶、思茅松、云南松等	余甘子、金合欢、三角梅、车桑子、牛筋木、毛杜鹃、清香木、小叶女贞、茶树、毛杨梅、火棘、石榴、山蜡梅等
北亚热带湿润区	红豆杉、壶斗石栎、木果石栎、小果石栎、小叶青冈、红花木莲、腾冲栲、栓皮栎、麻栎、滇青冈、红椎、板栗、云南黄杞、野核桃、冲天柏、侧柏、长蕊木兰、大叶木兰、木兰、无患子、球花石楠、旱冬瓜、银木荷、西南木荷、云南樟、滇西紫树、冬樱花、香椿、栾树、滇木犀榄、枫香、木芙蓉、乌桕、杉木、秃杉、云南松等	云南含笑、红檵木、蜡梅、佛手、海桐、三角槭、多果槭、夹竹桃、扶桑、水红木、油茶、茶树、火棘、马缨杜鹃、白花杜鹃、大叶黄杨等

（续）

分区	乔木	灌木
北亚热带半湿润区	冬樱花、多果槭、刺桐、元江栲、栓皮栎、麻栎、滇青冈、板栗、野核桃、石榴、冲天柏、侧柏、山玉兰、红花木莲、景东楠、球花石楠、云南移依、旱冬瓜、清香木、黄连木、滇杜英、银木荷、西南木荷、四照花、云南樟、香椿、皮哨子、枫香、云南松等	车桑子、青刺尖、珍珠花、矮杨梅、毛杨梅、厚皮香、云南含笑、红山茶、鸡爪槭、毛杜鹃、白花杜鹃、清香木、牛筋木、火棘等

（二）造林技术成熟度评价

大规模造林树种：西南桦、旱冬瓜、浙江红花油茶（*Camellia chekiangoleosa*）、油茶、乌桕、红木荷、云南樟、杉木、秃杉、思茅松、云南松、车桑子、冬樱花、清香木、龙竹等。

小规模示范树种：山桂花、高阿丁枫、蒙自阿丁枫、南酸枣、羯布罗香、绒毛番龙眼、柚木、云南石梓、团花、铁力木、印度紫檀、降香黄檀、格木、铁刀木、红椿、麻楝、苦楝、川楝、香椿（*Toona sinensis*）、红花木莲、山玉兰、云南含笑、鹅掌楸、桢楠、肉桂、黄樟、云南樟、香樟、红锥、滇青冈、红叶石楠、球花石楠、红花羊蹄甲、灯台树、萝芙木、余甘子、四照花、喜树、黄连木、三角枫、银杏、竹柏、百日青、云南红豆杉、冲天柏、侧柏、清香木、火棘、勃氏甜龙竹、版纳甜竹（*Dendrocalamus hamiltonii*）等。

处于试验研究阶段树种：版纳青梅、望天树、盈江龙脑香、云南娑罗双、番龙眼、蓝果树、长蕊木兰、大叶木兰（*Magnolia henryi*）、山玉兰、滇楠、普文楠、黑黄檀、降香黄檀、云南红豆（*Ormosia yunnanensis*）、苏木、印度栲、毛叶青冈（*Cyclobalanopsis kerrii*）、大果青冈（*Cyclobalanopsis rex*）、小叶青冈、大叶石栎（*Lithocarpus megalophyllus*）、壶斗石栎（*Lithocarpus echinophorus*）、木果石栎（*Lithocarpus xylocarpus*）、小果石栎（*Lithocarpus glabra*）、红花木莲、腾冲栲（*Castanopsis wattii*）、栓皮栎、麻栎、云南黄杞、三角枫、异株木犀榄、尖叶木犀榄、肋果茶、云南移（*Docynia delavayi*）、四照花、牛筋条、火烧花、大花紫薇（*Lagerstroemia speciosa*）、红花夹竹桃（*Nerium indicum*）、丁香海桐（*Pittosporum eugenioides*）、马缨杜鹃、白花杜

鹃等。

四、推荐配置模式

(一)北热带湿润区

1. 生态景观林

①模式1:阔阔混交式热带雨林标志性景观

树种:望天树、千果榄仁。

密度控制:33株/亩,株行距4m×5m。

混交比例:望天树5∶千果榄仁5。

混交模式:行间混交。

适用条件:宜林地、宜林荒山,砖红壤,厚层土,土质疏松、肥沃,山体中下部、沟谷。

②模式2:阔阔混交点缀式雨林景观

树种:羯布罗香、铁力木、滇楠。

密度控制:28株/亩,株行距约4m×6m。

混交比例:羯布罗香4∶铁力木4∶滇楠2。

混交模式:不规则混交。

适用条件:宜林地、宜林荒山,低效次生林,砖红壤,厚层土,土质疏松、肥沃,山体中下部、沟谷,全坡向,忌积水。

③模式3:阔阔混交的特有珍稀树种景观

树种:版纳青梅、云南婆罗双。

密度控制:56株/亩,株行距3m×4m。

混交比例:版纳青梅5∶云南婆罗双5。

混交模式:行间混交。

适用条件:宜林地、宜林荒山,砖红壤,厚层土,土质疏松、肥沃,山体中、下部、沟谷,全坡向。

2. 生态防护林

①模式1:阔阔混交的珍贵用材防护兼用林

树种:铁力木、柚木。

密度控制：56 株/亩，株行距 3m×4m。

混交比例：铁力木 5∶柚木 5。

混交模式：带状混交、块状混交。

适用条件：宜林地、宜林荒山，砖红壤，中、厚层土，土质疏松、肥沃，山体中、下部，阳坡、半阳坡，忌积水。

②模式 2：阔阔混交的宽行窄株型珍贵用材防护兼用林

树种：紫檀、铁力木。

密度控制：56 株/亩，株行距约 2m×6m。

混交比例：紫檀 5∶铁力木 5。

配置模式：宽行窄株、带状种植。

适用条件：宜林地、宜林荒山，低效林、次生林，砖红壤，厚层土，土质疏松、肥沃，山体中下部、沟谷，全坡向，忌积水。

（二）北热带半湿润区

1. 生态景观林

①模式 1：阔阔混交观花景观林

树种：凤凰木、粉花山扁豆。

密度控制：27 株/亩，株行距 5m×5m。

混交比例：凤凰木 5∶粉花山扁豆 5。

混交模式：带状、块状混交。

适用条件：宜林地、宜林荒山，砖红壤，厚层土，土质疏松、肥沃，山体中、下部，全坡向。

②模式 2：阔阔混交的点缀式季雨林景观

树种：高榕、毛麻楝。

密度控制：19 株/亩，株行距 6m×6m。

混交比例：高榕 4∶毛麻楝 6。

混交模式：不规则混交。

适用条件：宜林地、宜林荒山，砖红壤，厚层土，土质疏松、肥沃，山体中、下部、沟谷，全坡向。

2. 生态防护林

①模式 1：阔阔混交珍贵用材兼防护林

树种:黑黄檀、滇楠。

密度控制:56 株/亩,株行距 3m×4m。

混交比例:黑黄檀 5∶滇楠 5。

混交模式:带状混交、块状混交。

适用条件:宜林地、宜林荒山,砖红壤,中、厚层土,土质疏松、肥沃,山体中、下部,阳坡、半阳坡、半阴坡,忌积水。

②模式 2:阔阔混交的宽行窄株型珍贵用材防护兼用林

树种:紫檀、格木。

密度控制:37 株/亩,株行距约 3m×6m。

混交比例:紫檀、格木。

配置模式:宽行窄株。

适用条件:低效次生林,砖红壤,厚层土,土质疏松、肥沃,山体中、下部,阳坡、半阳坡、半阴坡,忌积水。

(三)南亚热带湿润区

1. 生态景观林

①模式 1:阔阔混交山地雨林景观

树种:千果榄仁、普文楠。

密度控制:42 株/亩,株行距 4m×4m。

混交比例:千果榄仁 4∶普文楠 6。

混交模式:不规则混交、块状混交。

适用条件:宜林地、宜林荒山,赤红壤,厚层土,土质疏松、肥沃,山体中、下部,全坡向,忌积水。

②模式 2:阔阔混交的特有树种观花观叶景观

树种:大叶紫薇、鱼尾葵。

密度控制:33 株/亩,株行距 4m×5m。

混交比例:长叶竹柏 7∶鱼尾葵 3。

混交模式:不规则混交。

适用条件:宜林地、宜林荒山,赤红壤,厚层土,土质疏松、肥沃,山体中下部、沟谷,全坡向。

③模式 3：阔阔混交常绿阔叶林景观

树种：长叶竹柏、铁刀木。

密度控制：19 株/亩，株行距约 5m×7m。

混交比例：长叶竹柏 6 ∶ 铁刀木 4。

混交模式：带状混交。

适用条件：宜林地、宜林荒山，赤红壤，厚层土，土质疏松、肥沃，山体中下部、沟谷，全坡向。

④模式 4：特有竹林景观

树种：龙竹、版纳甜竹。

密度控制：16 丛/亩，株行距 6m×7m。

混交比例：龙竹 4 ∶ 版纳甜竹 6。

混交模式：块状混交。

适用条件：宜林地、宜林荒山，黄壤，厚层土，土质疏松、肥沃，山体中下部、沟谷，全坡向，耐涝。

2. 生态防护林

①模式 1：针阔混交的珍贵用材防护兼用林

树种：思茅松、西南木荷。

密度控制：56 株/亩，株行距 3m×4m。

混交比例：思茅松 5 ∶ 西南木荷 5。

混交模式：带状混交。

适用条件：宜林地、宜林荒山，赤红壤，中、厚层土，土质疏松、肥沃，山体中、下部，阴坡、半阴坡，忌积水。

②模式 2：阔阔混交的珍贵用材防护兼用林

树种：铁力木、思茅黄檀。

密度控制：33 株/亩，株行距约 4m×5m。

混交比例：铁力木 5 ∶ 思茅黄檀 5。

混交模式：带状混交、株间混交。

适用条件：低效次生林，赤红壤，中、厚层土，土质疏松、肥沃，山体中、下部，半阳坡、半阴坡、阴坡，忌积水。

（四）南亚热带半湿润区

1. 生态景观林

①模式 1：阔阔混交的观花观叶景观

树种：粉花羊蹄甲（*Bauhinia glauca*）、红叶乌桕（*Euphorbia cotinifolia*）。

密度控制：42 株/亩，株行距 4m×4m。

混交比例：粉花羊蹄甲 5∶红叶乌桕 5。

混交模式：带状混交、块状混交。

适用条件：宜林地、宜林荒山，赤红壤，中、厚层土，土质疏松、肥沃，山体中、下部，全坡向，忌积水。

②模式 2：阔阔混交的特有树种景观

树种：普文楠、山桂花。

密度控制：74 株/亩，株行距 3m×3m。

混交比例：普文楠 5∶山桂花 5。

混交模式：带状混交、块状混交。

适用条件：宜林地、宜林荒山，赤红壤，厚层土，土质疏松、肥沃，山体中、下部，全坡向，忌积水。

③模式 3：阔阔混交的季风常绿阔叶林景观

树种：西南木荷、红锥。

密度控制：74 株/亩，株行距 3m×3m。

混交比例：西南木荷 5∶红锥 5。

混交模式：带状混交、块状混交。

适用条件：宜林地、宜林荒山，赤红壤，厚层土，土质疏松、肥沃，山体中、下部，全坡向，忌积水。

2. 生态防护林

①模式 1：阔阔混交的珍贵用材防护兼用林

树种：铁刀木、红椿。

密度控制：56 株/亩，株行距 3m×4m。

混交比例：铁刀木 6∶红椿 4。

混交模式：带状混交、株间混交。

适用条件：宜林地、宜林荒山，赤红壤，中、厚层土，土质疏松、肥沃，山体中、下部，阳坡、半阳坡、半阴坡，忌积水。

②模式2：阔阔混交的珍贵用材防护兼用林

树种：西南桦、山桂花

密度控制：56株/亩，株行距约3m×4m。

混交比例：西南桦5∶山桂花5

混交模式：带状混交、不规则混交

适用条件：低效次生林，赤红壤，中、厚层土，土质疏松、肥沃，山体中、下部，阳坡、半阳坡、半阴坡，忌积水。

（五）中亚热带湿润区

1. 生态景观林

①模式1：阔阔混交的特有木兰科树种景观

树种：滇桂木莲、鹅掌楸。

密度控制：42株/亩，株行距4m×4m。

混交比例：滇桂木莲5∶鹅掌楸5。

混交模式：带状混交。

适用条件：宜林地、宜林荒山，黄壤，厚层土，土质疏松、肥沃，山体中、下部，全坡向，忌积水。

②模式2：阔阔混交的特有红花红叶景观

树种：红花羊蹄甲、红叶乌桕。

密度控制：42株/亩，株行距4m×4m。

混交比例：红花羊蹄甲7∶红叶乌桕3。

混交模式：块状混交、带状混交。

适用条件：宜林地、宜林荒山，黄壤、红壤，厚层土，土质疏松、肥沃，山体中下部、沟谷，全坡向。

③模式3：阔阔混交的点缀式常绿阔叶林标志树种景观

树种：云南樟、肋果茶。

密度控制：28株/亩，株行距约4m×6m。

混交比例:云南樟 6 ∶ 肋果茶 4。

混交模式:带状混交、不规则混交。

适用条件:宜林荒山,疏林地,灌木林。黄壤、红壤,厚层土,土质疏松、肥沃,山体中、下部,全坡向,忌积水。

2. 生态防护林

①模式 1:针阔混交的用材防护兼用林

树种:思茅松、红木荷。

密度控制:111 株/亩,株行距 2m×3m。

混交比例:思茅松 4 ∶ 红木荷 6。

混交模式:带状混交。

适用条件:宜林地、宜林荒山,黄壤、红壤,中、厚层土,土质疏松、肥沃,山体中、下部,半阳坡、半阴坡、阴坡,忌积水。

②模式 2:阔阔混交的用材防护兼用林

树种:黄樟、西南木荷。

密度控制:111 株/亩,株行距 2m×3m。

混交比例:黄樟 5 ∶ 西南木荷 5。

混交模式:带状混交、块状混交。

适用条件:宜林地、宜林荒山,黄壤、红壤,中、厚层土,土质疏松、肥沃,山体中、下部,半阳坡、半阴坡、阴坡,忌积水。

③模式 3:针阔、阔阔混交的用材防护兼用林

树种:秃杉、西南桦。

密度控制:28 株/亩,株行距约 2m×3m。

混交比例:秃杉 6 ∶ 西南桦 4。

混交模式:带状混交。

适用条件:巨尾桉低效林、宜林荒山。黄壤,中、厚层土,土质疏松、肥沃,山体中、下部,全坡向,忌积水。

(六)中亚热带半湿润区

1. 生态景观林

①模式 1:阔阔混交的树种景观

树种：钝叶黄檀、红木荷。

密度控制：167 株/亩，株行距 3m×3m。

混交比例：钝叶黄檀 5∶红木荷 5。

混交模式：带状混交。

适用条件：宜林荒山、思茅松低效林，黄壤、红壤，中、厚层土，土质疏松、肥沃，山体中、下部，全坡向，忌积水。

②模式 2：阔阔混交的点缀式季相景观

树种：红花油茶、冬樱花。

密度控制：44 株/亩，株行距约 3m×5m。

混交比例：红花油茶 6∶冬樱花 4。

混交模式：带状混交、不规则混交。

适用条件：宜林地、宜林荒山，赤红壤、黄红壤、红壤，中、厚层土，全坡位，全坡向，忌积水。

2. 生态防护林

①模式 1：针阔混交的用材防护兼用林

树种：云南松、旱冬瓜。

密度控制：167 株/亩，株行距 2m×2m。

混交比例：云南松 7∶麻栎 3。

混交模式：带状混交。

适用条件：宜林地、宜林荒山，黄红壤、红壤、石灰土，中、厚层土，全坡位，全坡向，忌积水。

②模式 2：阔阔混交的用材防护兼用林

树种：麻栎、栓皮栎。

密度控制：111 株/亩，株行距 2m×3m。

混交比例：麻栎 5∶栓皮栎 5。

混交模式：带状混交。

适用条件：宜林地、宜林荒山，赤红壤、黄红壤、红壤，中、厚层土，全坡位，全坡向，忌积水。

(七)亚热带湿润区

1. 生态景观林

①模式 1:阔阔混交的特有木兰科树种景观

树种:长蕊木兰、大叶木兰。

密度控制:33 株/亩,株行距 4m×5m。

混交比例:长蕊木兰 4∶大叶木兰 6。

混交模式:带状混交、块状混交。

适用条件:宜林地、宜林荒山,黄壤,厚层土,土质疏松、肥沃,山体中、下部,全坡向,忌积水。

②模式 2:针阔混交的点缀式常绿标志树种景观

树种:云南红豆杉、银木荷、秃杉。

密度控制:33 株/亩,株行距约 4m×5m。

混交比例:云南红豆杉 4∶银木荷 3∶秃杉 3。

混交模式:不规则混交。

适用条件:宜林荒山、低效灌木林。黄壤,中、厚层土,土质疏松、肥沃,山体中、下部,全坡向,忌积水。

2. 生态防护林

①模式 1:针阔混交的用材防护兼用林

树种:云南松、旱冬瓜。

密度控制:111 株/亩,株行距 2m×3m。

混交比例:云南松 6∶旱冬瓜 4。

混交模式:带状混交。

适用条件:宜林地、宜林荒山,黄壤,中、厚层土,土质疏松、肥沃,山体中、下部,半阳坡、半阴坡、阴坡,忌积水。

②模式 2:阔阔混交的用材防护兼用林

树种:银木荷、旱冬瓜。

密度控制:111 株/亩,株行距 2m×3m。

混交比例:银木荷 5∶旱冬瓜 5。

混交模式:带状混交、块状混交。

适用条件：宜林荒山，灌木林。黄壤、红壤，中、厚层土，土质疏松、肥沃，山体中、下部，全坡向，忌积水。

（八）北亚热带半湿润区

1. 生态景观林

①模式 1：乔灌混交的特有观花树种景观

树种：冬樱花、云南含笑。

密度控制：126 株/亩，山玉兰株行距 4m×4m，云南含笑株行距 2m×2m。

混交比例：冬樱花 4∶云南含笑 6。

混交模式：不规则混交。

适用条件：宜林地、宜林荒山，红壤、石灰土，中、厚层土，山体中、下部，全坡向，忌积水。

②模式 2：阔阔混交的常绿阔叶树种景观

树种：云南樟、红花木莲。

密度控制：111 株/亩，株行距 2m×3m。

混交比例：云南樟 5∶红花木莲 5。

混交模式：带状混交。

适用条件：宜林地、宜林荒山，黄红壤、红壤，中、厚层土，全坡位，全坡向，忌积水。

2. 生态防护林

①模式 1：针阔混交的用材防护兼用林

树种：云南松、黄连木。

密度控制：111 株/亩，株行距 2m×3m。

混交比例：冲天柏 7∶黄连木 3。

混交模式：带状混交。

适用条件：宜林地、宜林荒山，红壤、石灰土，中、厚层土，全坡位，全坡向，忌积水。

②模式 2：阔阔混交的用材防护兼用林

树种：银木荷、麻栎。

密度控制:111 株/亩,株行距 2m×3m。

混交比例:银木荷 6∶麻栎 4。

混交模式:带状混交、块状混交。

适用条件:宜林荒山,云南松低效林,灌木林。黄壤、红壤,中、厚层土,土质疏松、肥沃,山体中、下部,全坡向,忌积水。

第六章　滇西滇西北区“三沿”绿化优化

一、区域概况

(一)自然概况

此区包括大理州、保山市、怒江州、丽江市和迪庆州。滇西北地处云贵高原与横断山脉结合部位,地势西北高,东南低。地貌复杂多样,湖盆众多;由于地处低纬高原,在低纬度高海拔地理条件综合影响下,形成了低纬高原季风气候特点:年温差小,日温差大,降水充沛、干湿分明,分布不均。该区西北与西藏、缅甸相连,东与四川接壤,位于横断山北段,怒江、澜沧江和金沙江纵贯全区,高山大河相间、河谷深切。受西南季风和西风交替控制,干湿季明显。气候类型包括北亚热带湿润区、南温带半湿润区、中温带半湿润区和高原半干旱区4个主要类型。

1. 大理州自然概况

大理州地处云南省中部偏西,地跨东经98°52′~101°03′、北纬24°41′~26°42′,含1市11县。大理州地处低纬高原,在低纬度、高海拔地理条件综合影响下,形成年温差小,四季不明显的气候特点,“四时之气,常如初春,寒止于凉,暑止于温”,四季温差不大。全州由于地形地貌复杂,海拔高差悬殊,气候的垂直差异显著。气温随海拔高度增高而降低,雨量随海拔增高而增多。河谷热,坝区暖,山区凉,高山寒,立体气候明显。

大理州地处云贵高原与横断山脉结合部位,地势西北高,东南低。大理州不仅是滇中、滇西北植物通道,也是世界各洲植物汇集的地方,而且还蕴藏着自身孕育的植物种类。既有世界分布的种类、与各大洲之间分布的种类、与各国之间尤其是邻近国家之间共同分布的种类,还有与我国有关省份共同分布的种类,甚至还有一些特殊的间断分布的种类。森林资源丰富,是云南省的重点林区。主要树种有云南松、华山松、铁杉、冷杉(*Abies fabri*)、马尾杉、思茅松等。珍稀树种有银杏、罗汉松(*Podocarpus macrophyllus*)、秃杉、红豆杉、珙桐等。大理州共5个国家级森林公园,1个国家级自然保护区(苍山洱海)、3个省级自然保护区。苍山现已查明的高等植物种类就有182科927属,约3000种。大理州是云南省主要的药材产区之一,以品种多、品质佳而闻名,纳入国家经营的中药材就达600种。

2. 保山市自然概况

保山市地处云南省西部,位于东经98°25′~100°02′、北纬24°08′~25°51′之间。东与临沧市接壤,北与怒江州为邻,东北与大理州交界,西南与德宏州毗邻,正南与西北接缅甸,拥有国境线170km。总面积19637km^2。

保山市地处横断山脉滇西纵谷南端,境内地形复杂多样,坝区占8.21%,山区占91.79%。整个地势自西北向东南延伸倾斜,最低海拔535m,最高海拔3780.9m,平均海拔1800m左右。最高点为腾冲县境内的高黎贡山大脑子峰,海拔3780.9m。最低点为龙陵县西南与潞西市交界处的万马河口,海拔535m。在群山之间,镶嵌着大小不一的78个山间盆地,最大的保山坝子,面积149.9km^2。

保山属低纬山地亚热带季风气候,由于地处低纬高原,地形地貌复杂,形成“一山分四季,十里不同天”的立体气候。气候类型有北热带、南亚热带、中亚热带、北亚热带、南温带、中温带和高原气候共7个气候类型。年温差小,日温差大,年均气温为14~17℃;降水充沛、干湿分明,分布不均,年降水量700~2100mm。

高黎贡山是国家级自然保护区,是世界公认的地球上最重要的“物种基因库”,是具有国际重要意义的“世界生物圈保护区”,是“三江并流”世界自然遗产的重要组成部分。

3. 怒江地区自然概况

怒江州位于云南省西北部,怒江中游,因怒江由北向南纵贯全境而得名。地处东经98°09′~99°39′,北纬25°33′~28°23′。怒江州内海拔最低 738m，最高5128m，显著的海拔高差和复杂的地域环境影响热量条件的再分配，各地温度有差异。一般在海拔 1400m 以下的低热河谷区，气温最高，热量丰富，每年平均气温 16.8～20.1℃，最热月气温 21.7～24.7℃，最冷月气温 11.1～13.6℃，年极端最低气温−28～3.7℃，大于或等于 10℃积温 5530～5019℃；海拔 1800～2300m 的中高山区，年平均气温 15.1～11.1℃，最热月气温 19.3～17.8℃，最冷气温9.1～3.2℃，极端最低气温−2.8～10.2℃，大于或等于 10℃积温5019～3223℃；海拔 2300m 以上高山区，年平均温度 11.0℃以上最热气温 17.8℃以上，最低气温 31℃以下，极端最低气温−10.2℃以下，大于或等于 10℃积温 3223℃以下，为气温最低，热量最差的地区。

全州有林地面积 $64.9\times10^4hm^2$，森林覆盖率 70%，用材林树种以冷杉、云南松、云杉（*Picea asperata*）、铁杉为最多，珍稀名贵树种有红豆杉、秃杉、云南榧（*Torreya fargesii*）、红椿、楠木、珙桐、紫檀（*Pterocarpus indicus*）、香樟等。药用植物资源十分丰富，珍稀名贵药材有虫草（*Cordyceps sinensis*）、天麻（*Gastrodia elata*）、川贝母（*Fritillaria cirrhosa*）、癞头参（*Silene tenuis*）、红景天（*Rhodiola rosea*）、鸡爪黄连（*Coptis chinensis*）等。观赏花卉有珙桐、杜鹃花、茶花、兰花等上千个品种。

4. 丽江地区自然概况

丽江市位于青藏高原东南缘，金沙江中游，云南省西北部。总面积 $2.06\times10^4km^2$，其中，山区占总面积的 92.3%，高原坝区占 7.7%。辖古城区、玉龙纳西族自治县、永胜县、华坪县、宁蒗彝族自治县。

丽江市地势西北高而东南低，最高点玉龙雪山主峰，海拔 5596m，最低点华坪县石龙坝乡塘坝河口，海拔 1015m，最大高差 4581m。属低纬暖温带高原山地季风气候。由于海拔高差悬殊大，从南亚热带至高寒带气候均有分布，四季变化不大，干湿季节分明，气候的垂直差异明显，灾害性天气较多，年温差小而昼夜温差大，兼具有海洋性气候和大陆性气候特征。东南、西南的迎风斜面是多雨区，背风坡面是相对干燥的少雨区，金沙江河谷干燥少雨。全市年平均气温 12.6～19.9℃之间，全年无霜期为 191～310d；年均降雨量为 910～1040mm，雨季集中在 6～9 月；年日照时数在 2321～2554h。

丽江植物资源种类繁多,成为中国著名的植物保护基地之一,是云南省重点林区之一,2015 年,全市林业用地面积 $163\times10^4 km^2$,占土地面积的 79.36%,森林覆盖率为 66.15%,活立木蓄积量 $1.05\times10^8 m^3$。境内有植物 13000 余种,仅种子植物就多达 2988 种,热带、温带、寒带植物均有分布,有许多树种属国家珍稀植物,有珍稀植物云南铁杉、红豆杉、云南榧、水青树(*Tetracentron sinense*)等。已发现中药材 2000 多种,占国家药典所列品种 1/3 以上。

5. 迪庆地区自然概况

迪庆州位于云南省西北部滇、藏、川三省区交界处,总面积 $2.387\times10^4 km^2$。境内最高海拔为梅里雪山主峰卡瓦格博峰 6740m,同时也是云南省最高,最低海拔为澜沧江河谷,海拔 1486m,绝对高差达 5254m,较小范围内的巨大高差使得境内出现了垂直气候和立体生态环境特征。迪庆州内气候属温带—寒温带气候,年平均气温 4.7~16.5℃,年极端最高气温 25.1℃,最低气温-27.4℃,立体气候明显。

迪庆州是世界著名花卉杜鹃、报春(*Primula malacoides*)、龙胆(*Gentiana scabra*)、绿绒蒿(*Mecono* spp.)、细叶莲瓣等的分布中心,有世界著名的园林园艺植物珙桐、秃杉等,有以松茸、羊肚菌(*Morehella esculenta*)、木耳(*Auricularia auricula*)为代表的野生食用菌 100 多种,野生药用植物有虫草、天麻、贝母、杜仲(*Eucommia ulmoides*)、当归(*Angelica sinensis*)等,分布在迪庆境内的高等植物中银杏、云南红豆杉等 30 余种为国家一、二级保护树种。迪庆州林业用地 $161.5\times10^4 hm^2$,森林覆盖率达 73.9%,高于全省平均水平。主要树种有云杉、红杉(*Larix potaninii*)、冷杉、高山松、红豆杉、香榧、云南松、华山松等。有白茫雪山国家级自然保护区,哈巴雪山、碧塔海、纳帕海 3 个省级自然保护区。

(二)植被概况

该区为高山峡谷地区,垂直高差大,水热差异悬殊。由于受低纬度高海拔的影响,山地森林垂直带谱十分明显。森林植被多样,以寒温性针叶林为主,也有寒温性阔叶林、温凉性阔叶林、温凉性针叶林、暖性针叶林、暖性阔叶林等。该区森林类型多样、成分复杂，特别是以云冷杉林为代表的典型寒温性针叶林，具有重要的生态和景观价值。除此之外，还有干性河谷稀树灌草丛、半湿润常绿阔叶林、高山灌丛、草甸、高山流石滩和冰缘植物等，几乎汇集了我国从南到北的植被类型。

据黄娟(2000)等人的研究可知本区温凉性、寒温性针叶林占有带幅最宽，单位面积蓄积量最高，森林生态系统地位较显著。滇西北地区土地面积仅占全省的 17.5%，而植被类型、植被亚型和群系却占全省的 6 成以上。滇西北地区分布有大量的横断山区特有植被类型，如中山湿性常绿阔叶林内的薄片青冈(*Cyclobalanopsis lamellosa*)、贡山栎(*Quercus kongshanensis*)、多变石栎(*Lithocarpus variolosus*)、寒温山地硬叶常绿栎林内的黄背栎(*Quercus pannosa*)、帽斗栎 (*Q. guayavaefolia*)、刺叶高山栎(*Q. spinosa*)、长穗高山栎(*Q. longispica*)、川滇高山栎等林。暖温性针叶林内的乔松林、秃杉林这两类天然林，仅分布至北纬 27°30′以北。温凉性针叶林内的云南铁杉、高山松、垂枝香柏(*Sabina pingii*)、垂枝柏(*S. recurva*)、小果垂枝柏(*S. recurva* var. *coxii*)、方枝柏(*S. saltuaria*)、侧柏(*Platycladus orientaria*)。寒温性针叶林内的丽江云杉、油麦吊云杉(*P. brachytyla* var. *complanata*)、长苞冷杉、怒江冷杉林(*Abies nukiangensis*)、川滇冷杉 (*Abies forrestii*)、苍山冷杉(*Abies delavayi*)、怒江红杉(*Larix speciosa*)、大果红杉等种类是现代裸子植物，特别是柏类的分化中心。簇生叶林内的贡山棕榈(*Trachycarpus prncepsci*)和高山流石滩疏生植被，这些特有植被类型中的针叶林类，起源古老，多为第三纪孑遗种类，组成滇西北森林植被的主要类型，占据着森林植被的主导地位，影响着周围的生态环境。

二、分区及特征

(一)北亚热带湿润区

本区气候上属于北亚热带湿润区，包括大理的鹤庆、剑川、漾濞外的其他县区，保山地区及怒江州的泸水、福贡和贡山 3 县。区内森林属于云南森林分区中的：滇中暖性阔叶林、暖性针叶林区；滇西横断山暖性阔叶林、暖性针叶林亚区；贡山、碧江(现福贡)高山峡谷刺壳柯(刺斗石栎

Lithocarpus echinotholus)、滇木荷林、云南铁杉林小区。

沿怒江河谷两侧的山地下部,天然植被遭受破坏程度较深,在海拔约1600m以下现存植被主要为茂密的高禾草丛,以类芦(*Neyraudia reynaudiana*),斑茅(*Siaccharum urundinaceum*)为主;在海拔1500~2200m之间,为高山栲为主的常绿阔叶林分布区;海拔2100~2600m为湿性常绿叶林分布,在土壤水分条件较好的沿沟两侧和坡脚多出现秃杉林;海拔2600~3100m为滇铁杉(*Tsuga dumosa*)林带,林中常有以多变石栎、印度木荷(*Schima khasiana*)为主的常绿阔叶树形成阔叶林层;海拔3000~3800m为冷杉带,一般以长苞冷杉为主,混生有中甸冷杉(*Abies ferreana*),下部有苍山冷杉出现,林内有高7~10m的杜鹃为主的小乔木层,箭竹也较发达;海拔3700~4000m为高山杜鹃灌丛。

(二)南温带半湿润区

本区气候上属于南温带半湿润区,包括除鹤庆、漾濞及华坪外的丽江大部分。区内主要森林类型包括滇中暖性阔叶林、暖性针叶林区;滇中北部暖性阔叶林、暖性针叶林亚区;丽江、剑川中山高山栲林、云南松林小区。

成片的常绿阔叶林在坝区及附近山地已很难见到。在海拔2600m左右的平坝区域,有高山栲、云南石栎(*Lithocarpus spicata*)、锐齿槲栎、棠梨(*Pyrus pashia*)、鸡嗉子果等。云南松林在本区山地分布很广,其海拔上限可达3200m左右。海拔2800m以下的云南松林在演替上经由松栎混交林阶段而与常绿阔叶林相联系,海拔2800m以上的云南松林,大多为云杉林遭受破坏后的迹地上所形成。海拔3000m以下的石灰岩分布地段,黄栎林分布很多,一般由叶背具有黄色绒毛的高山栎类如大帽斗栎、黄背栎等组成。金沙江谷地海拔在1600m以上,河谷中最低部位的植被为散生有牡荆(*Vitex negundo*)、山黄麻、尼泊尔桐(*Mallotus nepalensis*)等树木的草丛。玉龙雪山、哈巴雪山等极高山地的植被垂直系列,从山麓的亚热带基带类型直到高山冻荒漠植被都有出现。海拔3100m以下范围内生境较为干暖,现有植被主要为云南松林。海拔3100~3900m都为亚高山寒温针叶林带分布的范围。其中云杉林以丽江云杉构成上层优势种类，间有川滇冷杉、长苞冷杉、大果红杉等，分布于海拔3100~3300m。大果红杉林分布在云杉林以上海拔3300~3550m之间，其中有长苞冷杉，丽江云杉等混生。

（三）中温带半湿润区

本区气候上属于中温带半湿润区，含剑川及维西和兰坪3县，区内森林包括滇中暖性阔叶林、暖性针叶林区；滇西横断山暖性阔叶林、暖性针叶林亚区；维西、兰坪多变石栎、云南松林小区。

本亚区内高原基带的地带性植被类型为半湿润常绿阔叶林，分布在海拔2500m以下，种类成分以高山栲、元江栲、印度木荷为主。2400~2500m以上为中山湿性常绿阔叶林分布，上层乔木树种主要为多变石栎、贡山木兰（*Magnolia rostrata*）、木荷、杜英（*Elaeocarpus* spp.）等。海拔2700m以下，以云南松林面积最广，混生的阔叶树种以高山栲和栓皮栎为主，而2700m以上，伴生有华山松。老君山海拔2700~3300m多见云南铁杉林分布，常混有石栎、槭树（*Acer* spp.）、红桦、黄果冷杉（*Abies ernestii*）和华山松等。约在海拔3100~3600m为长苞冷杉林，混有丽江云杉，大果红杉等，偏南部则以苍山冷杉为主。亚区内有垂枝柏林分布，海拔3600m以上逐渐过渡为杜鹃灌丛和高山草甸。

（四）高原半干旱/寒温性针叶林区

本区气候上属于高原半干旱区，包括除维西外迪庆州其余区县。区内主要森林类型包括滇西北寒温性针叶林区；德钦、中甸长苞冷杉林、丽江云杉林、黄背栎林小区。

本区的显域性植被为寒温针叶林。主要分布在海拔3000~4000m的范围内的坡地。在海拔3000~3500m，以川西云杉（*Picea likiangensiss* var. *balfouriana*）林分布较广，常见于地势较平缓、土壤水分条件较好的地点。群落结构较为复杂，上层树种以川西云杉和林芝云杉（*Picea likiangensiss* var. *linzhiesis*）为主，乔木树种还有红豆杉、黄果冷杉、黄背栎等。大果红杉林分布也较广，其上限接近4000m，乔木层中还有阔叶的桦属（*Betula* spp.）、椴属（*Tilia* spp.），以及针叶树种冷杉、云杉等多种。

冷杉林分布范围较高,一般在海拔3600~4100m之间的山地。阳坡和半阳坡的冷杉林,乔木上层主要由长苞冷杉组成,亚层主要为杜鹃属(*Rhododendron* spp.)和花楸属(*Sorbus* spp.)物种。灌木层很稀疏,主要种类为黑果醋栗(*Ribes glaciale*)、假苞忍冬(*Lonicera chrysantha*)等。海拔3000m以下的河谷,主要分布着旱生有刺灌丛。

三、备选树种及造林技术成熟度评价

(一)备选树种

此区备选树种按照4个气候区域分为乔木树种和灌木树种进行列举,见表6-1所列。

表6-1 滇西北三沿绿化优化树种选择

分区	乔木树种	灌木树种
北亚热带湿润区	①海拔<2000m的河谷,选择高山栲、栓皮栎、大叶栎、羊蹄甲、麻栎、旱冬瓜、桃花、云南樱花、梨等树种。 ②海拔2100~2600m,选择秃杉、青冈、合掌木、西藏山茉莉、银木荷、硬斗石栎、华南石栎、刺栲、贡山润楠、滇木犀、野樱等树种。 ③海拔2600~3100m,选择云南铁杉、多变石栎、元江栲、滇蜡瓣花、滇青冈、密花树、杜鹃等树种。 ④海拔3000~3800m,选择长苞冷杉、中甸冷杉、苍山冷杉、锈叶杜鹃、褐黄杜鹃、桦木、四数槭等树种	①海拔<2000m,选择糙叶水锦树、滇刺枣、金合欢、清香木、余甘子、坡柳、虾子花等树种。 ②海拔2100~2600m,选择箭竹、杜鹃、荚蒾、盘叶柏那参、大叶爵床、野花楸等树种。 ③海拔2600~3100m,选择箭竹、尾叶白珠树、针齿铁仔、梁王茶、云南冬青、水红木、清香桂等树种。 ④海拔3000~3800m,选择锈叶杜鹃、铺地花楸、夺目杜鹃等树种
南温带半湿润区	①海拔<2600m,选择高山栲、云南石栎、锐齿槲栎、棠梨、鸡嗉子果、大帽斗栎、黄背栎等树种。 ②海拔2600~3200m,选择黄背栎、帽斗栎、光叶高山栎、矮高山栎、灰背栎、华山松、丽江云杉、黄果冷杉、槭树、杨树、桦树等树种。 ③海拔3100~3900m,选择丽江云杉、川滇冷杉、长苞冷杉、大果红杉、川滇杜鹃、红毛花楸、西南花楸、宽钟杜鹃、假乳黄杜鹃、深黄杜鹃、褐黄杜鹃、南方红豆杉、黄果冷杉、华山松、黄背栎、丽江槭、红花杜鹃、红毛花楸、吴茱萸叶五加等树种。 ④海拔1600m以上河谷,选择牡荆、山黄麻、尼泊尔桐等树种	①海拔<2600m,选择云南含笑、清香木、柔弱杜茎山、水红木、臭荚蒾、华山矾、芒种花、矮杨梅、碎米花杜鹃、细齿柃木等树种。 ②海拔2600~3200m,选择矮刺栎、珍珠花、乌鸦果、大白杜鹃、铺地蜈蚣、水红木、小果珍珠花、野丁香、马桑、腋花杜鹃等树种。 ③海拔3100~3900m,选择黑果醋栗、假苞忍冬、峨眉蔷薇、滇西莓、短柱杜鹃等树种。 ④海拔1600m以上河谷,选择矮黄栌、灰木蓝、云南橄仁树、滇虎榛、小石积、高山水锦树等树种

（续）

分区	乔木树种	灌木树种
中温带半湿润区	①海拔<2500m，选择高山栲、元江栲、卡西木荷、滇油杉、云南松、栓皮栎、滇青冈、滇石栎、滇合欢、滇山楂等树种。 ②海拔 2400~2700m，选择多变石栎、贡山木兰、银木荷、杜英、云南松、高山栲、栓皮栎、青冈栎、旱冬瓜、白枪杆、水红木、绿叶润楠、马蹄荷等树种。 ③海拔 2700~3300m，选择云南铁杉、石栎、槭树、红桦、黄果冷杉、华山松、华榛、吴茱萸叶五加、红花杜鹃、光叶泡花树、光叶高山栎、丽江云杉、红毛花楸、红桦等树种。 ④海拔 3100~3600m，选择长苞冷杉、丽江云杉、大果红杉、苍山冷杉、川滇杜鹃、红毛花楸、西南花楸等树种	①海拔<2500m，选择碎米花杜鹃、炮仗杜鹃，华山矾、牛筋条、云南含笑、铁仔、乌鸦果、水红木、厚皮香、珍珠花等树种。 ②海拔 2400~2700m，选择箭竹、山矾、清香桂、菝葜、云南瑞香、山苍子、野八角等树种。 ③海拔 2700~3300m，选择箭竹、桦叶荚蒾、齿叶忍冬、防己菝葜、纤花蔷薇、双盾、纸叶杜鹃、水红木等树种。 ④海拔 3100~3600m，选择冰川茶藨子、假苞忍冬、峨眉蔷薇、滇西莓、短柱杜鹃、心叶荚蒾、糙皮桦等树种
高原半干旱区	①海拔 3000~3500m，选择川西云杉、林芝云杉、高山松、红豆杉、黄果冷杉、黄背栎、红花杜鹃、红毛花楸、川滇冷杉、丽江槭、大果红杉、刺叶野樱、吴茱萸叶五加等树种。 ②海拔 3500~4000m，选择大果红杉、红花杜鹃、红桦、吴茱萸叶五加、红毛花楸、长苞冷杉、丽江云杉、华椴、川白桦等树种	①海拔< 3000m 河谷，选择白刺花、角柱花、铁仔、金合欢、清香木、小叶黄荆、坡柳、串序杜鹃、菅花木榉木梅、透光小檗等树种。 ②海拔 3000~3500m，选择箭竹，矮刺栎、甘肃荚蒾、黑果醋栗、柳叶忍冬、桦叶荚蒾，防己菝葜、假苞忍冬、冰川茶藨子、齿叶忍冬、大白杜鹃等树种。 ③海拔 3500~4000m，选择箭竹、黑果醋栗、假苞忍冬、矮刺栎、柳叶忍冬、高山冬青、峨眉蔷薇、纸叶杜鹃、冰川茶藨子等树种

（二）造林技术成熟度评价

大规模造林树种包括：栓皮栎、羊蹄甲、麻栎、旱冬瓜、桃树、云南樱花、梨树、秃杉、青冈、银木荷、云南铁杉、长苞冷杉、中甸冷杉、苍山冷杉、桦木、华山松、丽江云杉、黄果冷杉、槭树、杨树、桦树、川滇冷杉、大果红杉、华山松、南方红豆杉（*Taxus chinensis*）、密花树（*Rapanea neriifolia*）、滇油杉、云南松、栓皮栎、滇青冈、滇合欢、银木荷、杜英、云南松、高山栲、旱冬瓜、高山松、粗叶水锦树（*Wendlandia scabra*）、滇刺枣、金合欢、清香木、余甘子、坡柳、虾子花、箭竹(*Fargesia spathacea*)、马桑、云南含笑、清香桂(*Sarcococca ruscifolia*)、菝葜(*Smilax china*)、云南瑞香(*Daphne yunnanensis*)、山苍子(*Litsea cubeba*)、野八角(*Illicium simonsii*)。

小规模示范树种包括:多变石栎、元江栲、大叶栎、野樱、滇蜡瓣花(*Corylopsis yunnanensis*)、滇青冈、杜鹃、川滇杜鹃、红毛花楸(*Sorbus rufopilosa*)、西南花楸、四蕊槭(*Acer tetramerum*)、丽江槭(*Acer forrestii*)、牡荆、山黄麻、云南石砾、黄背栎、刺栲、滇石栎、云南山楂(*Crataegus scabrifolia*)、白枪杆、元江栲、多变石栎、贡山木兰、石栎、槭树、华榛、西南花楸、华椴(*Tilia chinensis*)、马蹄荷、红桦、红毛花楸、光叶高山栎(*Quercus pseudosemecarpifolia*)、杜鹃、梁王茶(*Nothopanax delavayi*)、云南冬青、清香桂、荚蒾、大白杜鹃、碎米花杜鹃、炮仗红杜鹃(*Rhododendron pulchurum* ‘Pao Zhang Hong’)、华山矾(*Symplocos chinensis*)、牛筋条(*Dichotomanthus tristaniaecarpa*)、铁仔、厚皮香。

试验研究树种包括:马蹄荷、西藏山茉莉(*Huodendron tibeticum*)、硬斗石栎(*Lithocarpus hancei*)、华南石栎(*Lithocarpus fenestratus*)、贡山润楠(*Machilus gongshanensis*)、滇木犀(*Osmanthus yunnanensis*)、锈叶杜鹃(*Rhododendron siderophyllum*)、褐黄杜鹃(*Rhododendron minyaense*)、锐齿槲栎、棠梨、鸡嗉子果、帽斗栎、光叶高山栎、矮高山栎(*Quercus monimotricha*)、灰背栎、红花杜鹃(*Rhododendron arboreum*)、吴茱萸叶五加(*Acanthopanax evodiaefolius*)、尼泊尔桐、宽钟杜鹃(*Rhododendron beesianum*)、假乳黄杜鹃(*Rhododendron rex*)、水红木(*Viburnum cylindricum*)、绿叶润楠(*Machilus viridis*)、光叶泡花树(*Meliosma cuneifolia*)、盘叶柏那参(*Brassaiopsis fatsioides*)、大叶爵床(*Calophanoides alboviridis*)、尾叶白珠树(*Gaultheria griffithiana*)、针齿铁仔(*Myrsine semiserrata*)、锈叶杜鹃、铺地花楸(*Sorbus reducta*)、夺目杜鹃(*Rhododendron arizelum*)、柔弱杜茎山(*Maesa tenera*)、臭荚蒾(*Viburnum foetidum*)、华山矾、芒种花(*Hypericum uralum*)、矮杨梅、细齿叶柃(*Eurya nitida*)、珍珠花(*Spiraea thunbergii*)、乌鸦果(*Vaccinium fragile*)、铺地蜈蚣(*Palhinhaea cernua*)、小果珍珠花(*Lyonia ovalifolia*)、野丁香(*Leptodermis potanini*)、腋花杜鹃(*Rhododendron racemosum*)、黑果醋栗、峨眉蔷薇(*Rosa omeiensis*)、短柱

杜鹃(*Rhododendron brachyanthum*)、山矾、桦叶荚蒾(*Viburnum betulifolium*)、齿叶忍冬(*Lonicera setifera*)、防已叶菝葜(*Smilax menispermoidea*)、蔷薇、双盾(*Dipelta yunnanensis*)、纸叶杜鹃(*Rhododendron chartophyllum*)、冰川茶藨子(*Ribes glaciale*)、糙皮桦(*Betula utilis*)、河谷白刺花(*Sophora davidii*)、角柱花(*Ceratostigma plumbaginoides* Bunge)、铁仔、串珠杜鹃(*Rhododendron hookeri*)、透光小檗(*Berberis diaphana*)、甘肃荚蒾(*Viburnum kansuense*)、柳叶忍冬(*Lonicera lanceolata*)、假苞忍冬。

四、推荐配置模式

(一)北亚热带湿润区

1. 生态景观林

①模式1:干热河谷木棉生态景观林

树种:木棉+坡柳+余甘子。

密度控制:木棉15株/亩,坡柳300~500株/亩,余甘子100株/亩。

混交比例(乔木):木棉1∶余甘子6。

混交模式:木棉3~5株群状配置,间距3~5m;坡柳和余甘子自然随机均匀配置。

适用条件:干热河谷坡下部和沿岸阶地。

②模式2:桃/云南樱花/梨生态景观林,营建怒江花谷

树种:桃花、云南樱花、梨(纯林种植)。

密度控制:株行距3m×4m。

混交比例(乔木):纯林。

适用条件:怒江中上段,坡中下部,立地条件较好的地段。

③模式3:云南铁杉+元江栲+滇青冈混交林,营造湿性常绿叶林森林景观

树种:云南铁杉、元江栲、滇青冈。

密度控制:74株/亩。

混交比例(乔木):云南铁杉5∶元江栲3∶滇青冈2。

混交模式：云南铁杉、元江栲和滇青冈 3~5 株群状随机配置，间距 3~5m。

适用条件：主要适于 2600~3100m 水分条件较好的沟谷和相对平缓的坡面。

④模式 4：秃杉林+青冈+银木荷混交林，营造湿性常绿叶林森林景观

树种：秃杉、青冈、银木荷。

密度控制：74 株/亩。

混交比例(乔木)：秃杉 4：青冈 3：银木荷 3。

混交模式：秃杉、青冈和银木荷 3~5 株群状随机配置，间距 3~5m。

适用条件：主要适于海拔 2100~2600m 水分条件较好的沟谷和坡脚。

2. 生态防护林

①模式 1：青冈+刺栲+漆树，营建沟谷常绿阔叶树种

密度控制：111 株/亩，株行距 3m×4m。

混交比例(乔木)：青冈 4 ∶ 刺栲 3 ∶ 漆树 3。

混交模式：青冈、刺栲和漆树沿沟谷根据土壤和地形条件，群状(3~5 株)不规则配置，群内间距 2~3m。

适用条件：怒江两岸分布的沟谷两侧，天然汇水区，具有相对较好的水分条件。主要适于 2100~2600m 地段。

②模式 2：苍山冷杉+丽江云杉+四数槭混交林，营建针阔生态防护林

树种：苍山云杉、丽江云杉、四数槭

密度控制：74 株/亩，株行距 3m×3m。

混交比例(乔木)：苍山冷杉 4 ∶ 丽江云杉 4 ∶ 四数槭 2。

混交模式：随机群状(3~5 株)均匀混交。

适用条件：3000~3800m 地段，坡度相对平缓，造林不易引起水土流失。

(二)南温带半湿润区

1. 生态景观林

①模式 1:云南松+高山栲+云南石栎混交林,营造地带性森林植被景观(也可做生态防护林营建)

树种:云南松、高山栲、云南石栎。

密度控制:74 株/亩,株行距 3m×3m。

混交比例(乔木):云南松 6∶高山栲 2∶云南石栎 2。

混交模式:随机群状(3~5 株)均匀混交。

适用条件:<2800m 地段,阳坡、半阳坡。

②模式 2:黄背栎+清香木+石楠混交林,营造彩叶阔叶林景观

树种:黄背栎、清香木、石楠。

密度控制:74 株/亩,株行距 3m×3m。

混交比例(乔木):黄背栎 3∶清香木 4∶石楠 4。

混交模式:随机群状(3~5 株)均匀配置。

适用条件:<3200m,立地条件较好地段。

③模式 3:丽江云杉+大果红杉+短柱杜鹃混交林,营建温带季节彩色针叶林景观

树种:丽江云杉+大果红杉+短柱杜鹃。

密度控制(乔木):74 株/亩,株行距 3m×3m。

混交比例(乔木):丽江云杉 5∶大果红杉 5。

混交模式:丽江云杉和大果红杉自然随机配置,短柱杜鹃群状植于林缘。

适用条件:3100~3900m 地段。

2. 生态防护林

①模式 1:云南松+滇杨混交林

树种:云南松、滇杨。

密度控制:111 株/亩,株行距 3m×3m。

混交比例(乔木):云南松 6∶杨树 4。

混交模式:自然随机配置。

适用条件:金沙江沿岸,<2600m 地段。

②模式 2:华山松+丽江云杉+黄背栎混交林

树种:黄背栎、华山松、丽江云杉。

密度控制:111 株/亩,株行距 2m×3m。

混交比例(乔木):丽江云杉 4∶华山松 4∶黄背栎 3。

混交模式:自然随机配置。

适用条件:2600~3200m 地段。

(三)中温带半湿润区

1. 生态景观林

①模式 1:云南松+滇油杉+云南含笑+碎米花杜鹃,营造地带性云南松森林景观

树种:云南松、滇油杉、云南含笑、碎米花杜鹃。

密度控制(乔木):74 株/亩,株行距 3m×3m。

混交比例(乔木):云南松 4∶滇油杉 4∶云南含笑 2。

混交模式:乔木自然随机群状(3~5 株)配置,碎米花杜鹃群丛状植于林缘。

适用条件:<2500m 地段。

②模式 2:高山栲+贡山木兰+旱冬瓜混交林,中山湿性常绿阔叶林地带性森林景观

树种:高山栲+贡山木兰+旱冬瓜。

密度控制(乔木):74 株/亩,株行距 3m×3m。

混交比例(乔木):高山栲 4∶贡山木兰 4∶旱冬瓜 2。

混交模式:乔木自然随机群状(3~5 株)配置。

③模式 3:云南铁杉、华山松、红桦混交林,营造地带性森林植被景观

树种:云南铁杉、华山松、红桦。

密度控制(乔木):74 株/亩,株行距 3m×3m。

混交比例(乔木):云南铁杉 3∶红桦 4∶华山松 3。

混交模式:自然随机群状(3~5 株)配置。

适用条件:2700~3300m 地段。

2. 生态防护林

①模式 1:滇油杉+栓皮栎+卡西木荷混交林

树种:滇油杉、栓皮栎、卡西木荷。

密度控制(乔木):111 株/亩,株行距 2m×3m。

混交比例(乔木):滇油杉 4∶栓皮栎 3∶卡西木荷 3。

混交模式:自然随机群状(3~5 株)配置。

适用条件:<2500m 地段。

②模式 2:云南松+旱冬瓜+高山栲混交林

树种:云南松、旱冬瓜、高山栲。

密度控制(乔木):111 株/亩,株行距 2m×3m。

混交比例(乔木):云南松 4∶旱冬瓜 3∶高山栲 3。

混交模式:自然随机群状(3~5 株)配置。

适用条件:2400~2700m 地段。

③模式 3:华山松+黄果冷杉+华榛混交林

树种:华山松、黄果冷杉、华榛。

密度控制(乔木):74 株/亩,株行距 3m×3m。

混交比例(乔木):华山松 4∶黄果冷杉 4∶华榛 2。

混交模式:自然随机群状(3~5 株)配置。

适用条件:2700~3300m 地段。

④模式 4:长苞冷杉+丽江云杉+西南花楸混交林

树种:长苞冷杉、丽江云杉、西南花楸。

密度控制(乔木):74 株/亩,株行距 3m×3m。

混交比例(乔木):长苞冷杉 4∶丽江云杉 4∶西南花楸 2。

混交模式:自然随机群状(3~5 株)配置。

适用条件:3100~3600m 地段。

(四)高原半干旱区/寒温性针叶林区

1. 生态景观林

①模式 1:长苞冷杉+川白桦混交林,寒温性针叶林景观

树种:长苞冷杉、川白桦。

密度控制:74 株/亩,株行距 3m×3m。

混交比例(乔木):长苞冷杉 8 : 川白桦 2。

混交模式:长苞冷杉纯植于坡中上部,川白桦与长苞冷杉随机群状混交于坡中下部、林缘。

适用条件:3600~4100m 地段。

②模式 2:川西云杉+林芝云杉+丽江槭+红花杜鹃温带针叶混交林,寒温性针叶林景观林

树种:川西云杉、林芝云杉、丽江槭、红花杜鹃。

密度控制:74 株/亩,株行距 3m×3m。

混交比例(乔木):川西云杉 5 : 林芝云杉 4 : 丽江槭 1。

混交模式:川西云杉和林芝云杉随机均匀混交,丽江槭群状与云杉混交植于坡下部、林缘,红花杜鹃植群状于林缘路边。

适用条件:3000~3500m 地段,地势较平缓、土壤水分条件较好的地段。

③模式 3:大果红杉+丽江云杉+红桦+杜鹃,寒温性针叶林景观

树种:大果红杉、丽江云杉、红桦、杜鹃。

密度控制:74 株/亩,株行距 3m×3m。

混交比例(乔木):大果红杉 6 : 丽江云杉 4 : 红桦 1。

混交模式:大果红杉与丽江云杉随机群状(2~3 株)混交,红桦群状(3 株)与大果红杉和丽江云杉混交植于坡中下部、林缘,杜鹃不规则植于林缘路边。

适用条件:3500~4000m 地段,阳坡、半阳坡。

2. 生态防护林

①模式 1:清香木+金合欢+白刺花

树种:清香木、金合欢、白刺花。

密度控制:111 株/亩,株行距 2m×3m。

混交比例:清香木 4 : 金合欢 3 : 白刺花 3。

混交模式:随机群状(3~5 株)不规则混交。

适用条件:<3000m 河谷。

②模式 2：高山松+红毛花楸 3+沙棘

树种：高山松、红毛花楸、沙棘。

密度控制：111 株/亩，株行距 2m×3m。

混交比例：高山松 4∶红毛花楸 3∶沙棘 3。

混交模式：随机群状（3~5 株）不规则混交。

适用条件：3000~3500m，阳坡、半阳坡。

③模式 3：大果红杉+红桦+椴树

树种：大果红杉、红桦、椴树。

密度控制：111 株/亩，株行距 2m×3m。

混交比例：大果红杉 4∶红桦 3∶椴树 3。

混交模式：随机群状（3~5 株）不规则混交。

适用条件：3600~4000m，阳坡、半阳坡。

第七章　云南“三沿”经济林带绿化美化

经济林因其能够迅速实现生态效益、经济效益和社会效益的有机结合,而成为五大林种之一,是森林资源的重要组成部分。随着市场经济的快速发展和林业三大体系的建立,我国经济林建设进入了较快的发展阶段,我国各级政府和林业主管部门十分重视经济林产业的发展,把发展经济林产业作为改善和加强山区、西部地区生态环境建设,保障粮食安全,优化人民膳食结构,增加农民收入和促进新农村建设的重要内容来抓,在政策、项目、资金等方面给予大力扶持,使得经济林产业迅速发展,产业规模不断扩大,产量明显增加,质量、效益显著提高。因此,发展经济林产业成为我国山区精准扶贫的重要战略。

云南省地域范围较为广阔,气候类型多样,自然条件复杂,经济林资源丰富。据估计,现已拥有各种经济林木近500多种,其中大面积主栽树种约30种。经济林生产的原材料主要包括干鲜果品、木本油料、药材、香调料以及工业原料等。本章所指的经济林主要为以利用树木果实或种子为目的的木本粮食林(如板栗、枣、柿)、木本油料林(如油茶、核桃、油桐、油橄榄、乌桕等)、果木林(如苹果、梨、柑橘、荔枝等)。相对于用材林而言,经济林具有投资周期短、见效快、经济效益显著等特点,为云南省商品林的重要组成部分,关系着全省山区群众生活质量的提高。经济林作为云南省森林资源的重要组成部分,是实现林业生态效益、经济效益和社会效益有机结合的林种。加快经济林产业发展,是加快推进社会主义新农村建设、实现小康社会的客观需求,也是国民经济和社会可持续发展赋予林业的历史责任。将经济林种植与“三沿”绿化相结合,不仅能够拓宽产业建设空间获得较高的经济效益,同时也可获得良好的生态效益和社会效益。

一、经济林“三沿”绿化类型及分区

(一)绿化美化类型

根据公路的不同地段、不同立地条件、不同需求设置为四种不同的造林类型。

(1)公路防护林带。主要针对公路沿线面山坡度在25°以上林地，以生态建设保护为主，建立防护林带；林分以常绿混交林为主。

(2)公路景观林带。在旅游区或是进入旅游区域的公路沿线绿化，在立地条件允许的情况下多营造以不同时期可以观花、观叶、观果植物的林分，以达到车途不忘旅游、脚休眼不休吸引游客的目的。

(3) 公路经济林带。对立地条件较好的地段或是公路沿线的坡耕地，为增加农户收入，挑选生态和经济效益都较好的经济林树种进行发展。如各种观赏植物或林果采摘园。

(4)公路节点景观林。在公路的节点上营造较有观赏价值的景观林，以园林的形式建设，观花观叶为主。

(二)分　区

根据不同气候、不同海拔将全省的“三沿”经济林带分为八个区域。

1. 南亚热带、北热带东部区

此区包含红河州、文山州两个地州的公路。此区的森林类型的整体特征是：属热性阔叶林森林类型，具体应为湿润性雨林。热性阔叶林土壤，以发育在片麻岩、花岗岩、砂岩上的砖红壤为主，具有土层深厚，保水性能良好，生物小循环迅速，有机质分解快，土壤中有机质积累较少的特点。部分区域分布燥红土和石灰岩土，相较其他区域热量高，雨量集中，植被覆盖稀疏。热性阔叶林的森林特征是树冠不整齐、树冠颜色和形状多种多样、林内结构复杂，层次极不明显。

2. 南亚热带、北热带西部区

此区包含西双版纳州、普洱市、临沧市、德宏州四个州市的公路。此区的森林类型的整体特征是：此区属热性阔叶林森林类型，具体应为季节性雨林。热性阔叶林土壤,以发育在片麻岩、花岗岩、砂岩上的砖红壤为主,具有土层深厚,保水性能良好,生物小循环迅速,有机质分解快,土壤中有机质积累较少的特点。部分区域分布燥红土和石灰岩土,相较其他区域热量高,雨量集中,植被覆盖稀疏。热性阔叶林的森林特征是树冠不整齐、树冠颜色和形状多种多样、林内结构复杂,层次极不明显。

3. 滇中区

此区包含昆明、玉溪、楚雄、大理、保山五个州市的公路。此区的森林类型的整体特征是:滇中区主要是暖热性针叶林区和暖热性阔叶林区;气候为高原季风气候类型,属中亚热带热量水平的,全年气候温和,年温差不大,夏无酷热,冬无严寒,雨量较充足,但干湿明显。林下土壤大多为山地红壤和紫色土。

4. 滇西北区

此区包含迪庆、丽江、怒江三个州市的公路。此区的森林类型的整体特征是:此区主要是温凉性针叶林区及寒温性阔叶林区,属南温带气候区,气候为高原季风气候类型,全年气候温凉,年温差不大,夏无酷热,冬无严寒,雨量较充足,但干湿明显。林下土壤大多为棕壤和黄棕壤。

5. 滇东北区

此区包含曲靖、昭通两个州市的公路。此区的森林类型的整体特征是:主要是暖性针叶林区和暖性阔叶林区;气候为高原季风气候类型,属北热带森林,全年气候温和,年温差不大,夏无酷热,冬无严寒,雨量较充足,但干湿明显。林下土壤大多为棕壤和黄棕壤,部分海拔较低区域则出现红壤和燥红土。

6. 石漠化区

此区的森林类型的整体特征是:此区特征是无高大乔木,以车桑子、小石积等小灌丛为主。土壤沙化严重、干旱缺水、土层浅是此区的主要特征。

7. 沿江公路区

此区的森林类型的整体特征是:此区多分布于峡谷地区,气候多为干热河谷区特征,干旱、少雨、蒸发量大,土层瘠薄。

8. 沿湖公路区

此区的森林类型的整体特征是:此区特征土壤温润、深厚,空气湿度大,宜于经济林果的布局。

二、绿化方式

不同的海拔气候、不同立地条件、不同区位、不同需要决定不同的绿化方式。

(一)原生态自然森林类型

在自然生态极度脆弱,立地条件极差或是原生植被较好区域使用此类型。此类型主要以保护原生植被及生态环境为主,辅以恰当局部更新造林或是林分调整,以达到较高生态效果。

(二)人工置换更新造林类型

原生植被生态效果不好或是原人工林生态效果极差或是景观效果较差的林分,在一定条件下可以造林的地段使用此类型。

三、造林技术方案

(一)立地条件的划分

根据全省公路沿线的林地情况,将可使用区域划分为 12 个立地类型(表 7-1)。

表 7-1　立地类型划分表

类型组	类型号	名称	海拔	坡向	坡度级	土层厚度	坡位
山地棕壤立地类型组	Ⅰ	山地棕壤中厚层土立地类型	2600m 以上	阴坡 阳坡	Ⅰ～Ⅳ	≥80cm	全坡位
山地黄棕壤、黄壤立地类型组	Ⅱ1	黄棕壤土厚层土立地类型	2200～2600m	阴坡 阳坡	Ⅰ～Ⅳ	≥80cm	全坡位
	Ⅱ2	黄棕壤薄层土立地类型	2200～2600m	阴坡	Ⅰ～Ⅳ	<80cm	全坡位
	Ⅱ3	山地黄壤中厚层立地类型	1900～2300m	全坡	Ⅰ～Ⅳ	≥80cm	全坡位
	Ⅱ4	山地黄壤薄层立地类型	1900～2400m	全坡	Ⅰ～Ⅳ	<80cm	全坡位

（续）

类型组	类型号	名称	海拔	坡向	坡度级	土层厚度	坡位
山地黄红壤、红壤立地类型组	Ⅲ1	山地黄红壤中厚层立地类型	1600～2000m	阴	Ⅰ～Ⅳ	≥80cm	全坡位
	Ⅲ2	山地黄红壤中厚层立地类型	1600～2000m	阳	Ⅰ～Ⅳ	≥80cm	全坡位
	Ⅲ3	山地黄红壤薄层立地类型	1600～2000m	全坡	Ⅰ～Ⅳ	<80cm	全坡位
低中山赤红壤立地类型组	Ⅳ	红壤中厚层立地类型	1100～1600m	全坡	Ⅰ～Ⅳ	≥80cm	全坡位
干热河谷燥红土立地类型组	Ⅴ	红壤中厚层土立地类型	800～1100m	全坡	Ⅰ～Ⅳ	≥80cm	全坡位
热带燥红壤立地类型组	Ⅵ1	砖红壤中厚层立地类型	800m 以下	全坡	Ⅰ～Ⅳ	≥80cm	全坡位
	Ⅵ2	砖红壤薄层立地类型	800m 以下	全坡	Ⅰ～Ⅳ	<80cm	全坡位

四、造林树种的选择

根据各经济林树种的花、叶、果及树冠形状、生长状况，选择以下树种参与公路沿线的绿化美化造林（表 7-2）。

表 7-2 各区“三沿”经济林绿化树种

分区	海拔分区	立地类型	推荐树种	地区
1. 滇东南区	2000m 以上	Ⅱ1、Ⅱ3	银杏、花椒、八角	文山、红河
	1600～2000m	Ⅲ1、Ⅲ2、Ⅲ3	核桃、柿、石榴、椿树、余甘子、棕榈、油茶	
	1100～1600m	Ⅳ	柿、石榴、柑橘、枇杷、葡萄	
	800～1100m	Ⅴ	龙眼、油橄榄、坚果、咖啡、美国山核桃	
	800m 以下	Ⅵ1	龙眼、橡胶、坚果	
2. 滇南滇西南区	2000m 以上	Ⅱ1、Ⅱ3	核桃、果梅	西双版纳、普洱、临沧、德宏
	1600～2000m	Ⅲ1、Ⅲ2、Ⅲ3	核桃、柿、石榴、梨	
	1100～1600m	Ⅳ	柿、石榴、柑橘、枇杷	
	800～1100m	Ⅴ	龙眼、坚果、咖啡、美国山核桃	
	800m 以下	Ⅵ1	龙眼、橡胶、坚果、腰果	
3. 滇中区	2000m 以上	Ⅱ1、Ⅱ3	核桃、果梅、银杏、花椒、梨、	

（续）

分区	海拔分区	立地类型	推荐树种	地区
3. 滇中区	1600~2000m	Ⅲ1、Ⅲ2、Ⅲ3	梨、梅、杏、核桃、柿、石榴、椿树、板栗、余甘子、棕榈、油茶、杨梅	昆明、玉溪、楚雄
	1100~1600m	Ⅳ	柿、石榴、柑橘、枇杷、油橄榄	
	800~1100m	Ⅴ	龙眼、油橄榄、坚果、咖啡、美国山核桃	
	800m 以下	Ⅵ1	龙眼、坚果、腰果	
4. 滇西滇西北区	2000m 以上	Ⅱ1、Ⅱ3	核桃、果梅、杏、青刺尖、苹果	大理、保山、迪庆、丽江、怒江
	1600~2000m	Ⅲ1、Ⅲ2、Ⅲ3	桃、梨、梅、核桃、柿、石榴、梨、棕榈	
	1100~1600m	Ⅳ	柿、石榴、柑橘、枇杷、油橄榄	
	800~1100m	Ⅴ	油橄榄、美国山核桃	
	800m 以下	Ⅵ1	腰果	
5. 滇东北区	2000m 以上	Ⅱ1、Ⅱ3	核桃、果梅、花椒	曲靖、昭通
	1600~2000m	Ⅲ1、Ⅲ2、Ⅲ3	梨、核桃、柿、石榴、梨、棕榈	
	1100~1600m	Ⅳ	柿、石榴、柑橘、枇杷	
	800~1100m	Ⅴ	坚果、	
	800m 以下	Ⅵ1	龙眼、坚果、腰果	
6. 沿江区域	2000m 以上	Ⅱ1、Ⅱ3	核桃、果梅、花椒、青刺尖	全省
	1600~2000m	Ⅲ1、Ⅲ2、Ⅲ3	核桃、板栗、	
	1100~1600m	Ⅳ	柿、石榴、柑橘、枇杷	
	800~1100m	Ⅴ	龙眼、油橄榄、坚果、咖啡、美国山核桃	
	800m 以下	Ⅵ1	龙眼、橡胶、坚果、棕榈	
7. 沿湖区域	2000m 以上	Ⅱ1、Ⅱ3	核桃、果梅、杏、银杏、梨、苹果	全省
	1600~2000m	Ⅲ1、Ⅲ2、Ⅲ3	核桃、柿、石榴、梨、	
	1100~1600m	Ⅳ	柿、石榴、柑橘、枇杷	
	800~1100m	Ⅴ	龙眼、咖啡、	
	800m 以下	Ⅵ1	龙眼、腰果	

五、各树种造林技术要求

(一)造林配置方式

根据各地块坡度的不同,可以选择不同的配置方式。大于5°坡的造林地,采用三角形配置方式;小于5°的坡可采用长方形或正方形配置方式。

(二)种苗要求

为确保造林成效,种苗要求良种、壮苗,无病虫害的一级苗上山造林。

(三)定植要求

定植时,对大于40cm以上种苗的要求,回填土高出地面10cm,嫁接苗将苗木嫁接口绑扎带撕去并露出土面,浇足定根水后盖上薄膜,四周用土将薄膜压实,在旱季做好定期补水工作,以确保造林成效。对大树(高大于4m,胸径大于10cm)要求根系相对较浅、易带土球的树种,春季移植,做好支撑、控水、保湿、遮阴、施肥等措施。经济林造林确保规划一块好地、一个大塘、一担农家肥、一棵壮苗、一张膜,定植后浇足定根水是造林成功的有效保证。

(四)水的要求

经济林果,多数对水的要求较高,否则满足不了树体及果实生长要求,在规划经济林造林地时必须考虑有水源。

表7-3 “三沿”经济林造林技术标准表

树种	营造方式	造林时间	初植密度(株/亩)	混交比例	整地方式	整地时间	整地规格(cm)	株行距(m)
核桃	植苗	11月至翌年2月	22	纯林	穴状	9~10月	60×60×60	5×6
苹果	植苗	11月至翌年2月	111	纯林	穴状	9~10月	60×60×60	2×3
青刺尖	植苗	11月至翌年2月	56	纯林	穴状	9~10月	60×60×60	3×4
果梅	植苗	11月至翌年2月	56	纯林	穴状	9~10月	60×60×60	3×4
杏	植苗	11月至翌年2月	56	纯林	穴状	9~10月	60×60×60	3×4
梨	植苗	11月至翌年2月	56	纯林	穴状	9~10月	60×60×60	3×4
桃	植苗	11月至翌年2月	110	纯林	穴状	9~10月	60×60×60	2×3
银杏	植苗	11月至翌年2月	33	纯林	穴状	9~10月	80×80×80	4×5
八角	植苗	11月至翌年2月	56	纯林	穴状	9~10月	50×50×40	3×4
油茶	植苗	11月至翌年2月	110	纯林	穴状	9~10月	80×80×80	2×3
石榴	植苗	3~4月	56	纯林	穴状	11~12月	60×60×60	3×4

（续）

树种	营造方式	造林时间	初植密度（株/亩）	混交比例	整地方式	整地时间	整地规格（cm）	株行距（m）
柿	植苗	11 月至翌年 2 月	56	纯林	穴状	9~10 月	60×60×60	3×4
柑橘	植苗	11 月至翌年 2 月	63	纯林	穴状	9~10 月	60×60×60	3×3.5
枇杷	植苗	11 月至翌年 2 月	110	纯林	穴状	9~10 月	60×60×60	2×3
葡萄	植苗	11 月至翌年 2 月	200	纯林	穴状	9~10 月	60×60×60	1×3
龙眼	植苗	2~3 月	56	纯林	穴状	9~10 月	80×80×60	3×4
坚果	植苗	10~12 月	24	纯林	穴状	9~10 月	80×80×60	4×7
咖啡	植苗	5~7 月	333	纯林	条状	11 月至翌年 3 月	60×50×40	1×2
美国山核桃	植苗	11 月至翌年 2 月	33	纯林	穴状	9~10 月	80×80×80	4×5
油橄榄	植苗	3~4 月	42	纯林	穴状	10 月至翌年 2 月	80×80×80	4×4
橡胶	植苗	3~4 月	42	纯林	穴状	10 月至翌年 2 月	80×70×60	2×8
棕榈	植苗	6~7 月	333	纯林	穴状	3~4 月	60×60×60	1×2
杨梅	植苗	2~3 月	27	纯林	穴状	11~12 月	60×60×60	5×5
余甘子	植苗	6~7 月	56	纯林	穴状	5~6 月	50×50×40	3×4
花椒	植苗	11 月至翌年 2 月	148	纯林	穴状	9~10 月	60×60×50	1.5×3
椿树	植苗	2~4 月	111	纯林	穴状	1~2 月	40×40×40	2×3
板栗	植苗	11 月至翌年 2 月	67	纯林	穴状	9~10 月	60×60×60	2×5
腰果	植苗	11 月至翌年 2 月	42	纯林	穴状	9~10 月	60×60×60	4×4

第八章　“三沿”植物景观配置模式

“景观是指一个地区的景象,不同地貌、时间、人文会构成不同的景观”,公路节点景观是一个综合表达景观,不但需要表达自然的美,同时公路景观还需要表达区域的自然景观、人文风情特色,有景借景、无景造景,将山川、河流、森林、田园、城市、村落的美融合成一幅美景,因地造势、路随景出、景由路生,给驾乘人员以亲近自然的舒适与美感。以下详细介绍颇具云南本土特色的景观构建模式。

一、傣乡竹韵

(一)配置模式

培育目标:傣乡竹韵景观。

主干树种:巨龙竹(*Dendrocalamus sinicus*)、中国甜竹、龙竹、傣竹、香糯竹(*Cephalostachyum pergracile*)、高山榕。

适宜的地区:滇南、滇西南及其他气候湿热的地区。

适宜的立地条件特征:全坡向;坡位中部;坡度 0°~25°;海拔 0~1200m;土壤为砖红壤、红壤。

搭配植物:地被植物含羞草(*Mimosa pudica*)。

造林模式的合理性分析:本模式以巨龙竹为主要景观植物,辅以中国甜竹、龙竹、傣竹、香糯竹等形成高低搭配模式,以傣乡竹林的繁盛、修长、摇逸之美体现独特的傣乡风情,高山榕作为背景植物,以衬托竹之秀美。

造林配置:竹种高低搭配,相对较矮的傣竹、香糯竹植株在外围,较高的中国甜竹、龙竹、巨龙竹在中间,地被为含羞草。

种植密度、株行距:74 丛/亩,3m×3m,高山榕 4 株/亩。

配置方式:傣竹、香糯竹、中国甜竹、龙竹、巨龙竹、高山榕呈层状布局。

整地方法及规格：全面整地，竹、乔木开穴，100cm×100cm×100cm。

（二）造林方法

大苗种植：高山榕八吨吊车吊装、种植，其余也可用人工种植。

地被：含羞草人工撒播。

苗木规格：高山榕树苗高7~8m，胸径40~60cm；巨龙竹苗高4~5m，胸径15~25cm；中国甜竹、龙竹苗高4~5m，胸径8~12cm；傣竹、香糯竹苗高4~5m，胸径3~5cm，带土球大苗。

栽植时间：水保障的情况下，全年种植。

基肥种类及数量：每个树塘使用复合肥1kg，在种植前在树塘中与土壤充分混合均匀。

（三）抚育管理

如果是在展叶期种植，乔木种植后3个月内，必须保持土壤的湿润，每天喷洒叶面水等。

（四）关键技术

乔木土球直径不得小于胸径10倍；土球完整不散；保留25%的原枝叶；竹的顶端截干后用水灌入竹杆中用泥堵住切口，再用塑料包扎严实；吊车吊树时，吊带与树干或土球需要绑扎结实，不能出现滑动；浇足定根水；支撑要稳当。

该景观配置技术成熟，植物根据实际地形地势的现场配置是重点，苗木的起挖过程中，保持土球的完整是关键。大树的吊装、种植过程中保持树皮的完整是难点，注意各个操作环节即可。

二、无忧风铃

（一）配置模式

培育目标：热带民俗景观。

主干树种：无忧花、黄花风铃木（*Handroanthus chrysanthus*）、菩提树

(*Ficus religiosa*)、海南黄花梨(*Dalbergia odorifera*)、印度紫檀。

适宜的地区:滇南、滇西南及其他热带气候区。

适宜的立地条件特征:全坡向;坡位中部;坡度 0°~25°;海拔 0~1200m;土壤为砖红壤、红壤。

搭配植物:小乔木鸡蛋花(*Plumeria rubra*);灌木玉叶金花(*Mussaenda pubescens*)、栀子花(*Gardenia jasminoides*)、黄蝉花(*Allamanda neriifolia*);地被植物金花生(*Arachis duranensis*)。

造林模式的合理性分析:主要以热带傣族地区具有小乘佛教特色的无忧花、菩提树、鸡蛋花、黄禅花等构建植物景观,体现云南傣族的民俗特色。

造林配置:乔木混交(灌、草、藤绿化配置)。

种植密度、株行距:乔木 42 株/亩,4m×4m。

配置方式:呈层状布局,最外层为鸡蛋花以不均匀的丛状配置,后为乔木植物按树种丛状不均匀配置,平均每亩配置一株菩提树。

整地方法及规格:大乔木开穴,120cm×120cm×120cm。

(二)造林方法

大苗种植:八吨吊车吊装、种植。

地被:地被 25 株/m^2。

苗木规格:无忧树苗高 5~6m,胸径 8~10cm;黄花风铃木树苗 5~6m,胸径 8~10cm;海南黄花梨树苗 5~6m,胸径 8~10cm;印度紫檀树苗 3~4m,胸径 8~10cm;菩提树树苗高 7~8m,胸径 40~60cm;带土球大苗,鸡蛋花苗高 1.5~2m,地径 8~10cm,容器苗。

栽植时间:水保障的情况下,全年种植。

基肥种类及数量:每个树塘使用复合肥 0.8kg,在种植前在树塘中与土壤充分混合均匀。

(三)抚育管理

如果是在展叶期种植,乔木种植后 3 个月内,必须保持土壤的湿润,每天喷洒叶面水;管护,除草、松土、施肥及病虫害防治等。

(四)关键技术

乔木土球直径不得小于胸径10倍;土球完整不散;保留25%的原枝叶;吊车在吊装树时,吊带与树干或土球需要绑扎结实,不能出现滑动,以免拉伤树皮;支撑要稳当,浇足定根水;注意对病害的防治,重点加强对根部虫害的防治。

该景观配置技术成熟,但需要根据具体的地形地势现场调配,方能显示最佳景观效果,苗木的起挖过程中,保持土球的完整是关键。大树的吊装、种植过程中保持树皮的完整是难点,注意各个操作环节即可。

三、椰林风情

(一)配置模式

培育目标:傣乡椰林风情植物景观。

主干树种:椰子(*Cocos nucifera*)、王棕(*Roystonea regia*)、傣竹。

适宜的地区:滇南、滇西南及其他气候湿热的地区。

适宜的立地条件特征:全坡向;坡位中部;坡度0°~25°;海拔0~1200m;土壤为砖红壤、红壤。

搭配植物:小乔木露兜树(*Pandanus tectorius*)、龙血树;灌木栀子花、九里香(*Murraya exotica*);地被植物黄金菊(*Euryops pectinatus*)、金森女贞(*Ligustrum japonicum* ‘Howardii’)、红花檵木(*Loropetalum chinense* var. *rubrum*);金花生。

造林模式的合理性分析:主要以禾本科植物的搭配,高高的椰树,摇逸的傣竹体现的是傣乡村庄的植物景观;高挑的树干,长长的叶片,体现了热带风情;绿茵的地被点缀着点点黄花构成一道具有边疆风情的美。

造林配置:乔木混交(灌、草为林下绿化配置)。

种植密度、株行距:乔木42株/亩,4m×4m。

配置方式:乔、灌、草搭配种植,以不均匀的丛状配置。

整地方法及规格:乔木开穴,180cm×180cm×100cm。

(二)造林方法

大苗种植:八吨吊车吊装、种植。

地被:地被 25 株/m^2。

苗木规格:椰子树苗高 7~8m,胸径 15~20cm;王棕苗高 6~7m,胸径 30~40cm;傣竹苗高 6~7m,胸径 12~20cm,带土球大苗;露兜树、龙血树苗高 1.5~2m,地径 8~10cm,容器苗。

栽植时间:水保障的情况下,全年种植。

基肥种类及数量:每个树塘使用复合肥 0.8kg,种植前在树塘中与土壤充分混合均匀。

(三)抚育管理

如果是在展叶期种植,乔木种植后 3 个月内,必须保持土壤的湿润,每天喷洒叶面水;管护,除草、松土、施肥及病虫害防治等。

(四)关键技术

乔木土球直径不得小于胸径 10 倍;土球完整不散;保留 25%的原枝叶;吊车吊树时,吊带与树干或土球需要绑扎结实,不能出现滑动;浇足定根水;支撑要稳当;加强对根部虫害的防治;注意对病害的防治。

该景观配置技术成熟,苗木的起挖过程中,保持土球的完整是关键。大树的吊装、种植过程中保持树皮的完整是难点,注意各个操作环节即可。

四、雨打芭蕉

(一)配置模式

培育目标:热带风情景观。

主干树种:中国甜龙竹、芭蕉(*Musa basjoo*)、旅人蕉(*Ravenala madagascariensis*)、波罗蜜。

适宜的地区:滇南、滇西南及其他气候湿热的地区。

适宜的立地条件特征：全坡向；坡位中部；坡度 0°～25°；海拔 0～1200m；土壤为砖红壤、红壤。

搭配植物：小乔木鸡蛋花；灌木栀子花、九里香；地被植物金花生。

造林模式的合理性分析：主要以热带可食用的植物中国甜龙竹、芭蕉、波罗蜜等植物的搭配，配以高高摇曳的甜龙竹体现的是傣乡村庄的植物景观；波罗蜜独特的结果方式体现了独特的热带风情，绿茵的地被点缀着点点黄花构成一道具有边疆风情的美。

造林配置：乔木混交（灌、草为林下绿化配置）。

种植密度、株行距：乔木 42 株/亩，4m×4m。

配置方式：呈层状布局最外层为芭蕉和旅人蕉以不均匀的丛状配置，鸡蛋花散布其间，后为中国甜龙竹和波罗蜜做不均匀的丛状配置。

整地方法及规格：乔木开穴，180cm×180cm×100cm。

（二）造林方法

大苗种植：八吨吊车吊装、种植。

地被：地被 25 株/m^2。

苗木规格：波罗蜜树苗高 7～8m，胸径 15～20cm；旅人蕉苗高 4～5m；中国甜龙竹苗高 4～5m，胸径 8～12cm，带土球大苗；鸡蛋花苗高1.5～2m，地径6～8cm，容器苗。

栽植时间：水保障的情况下，全年种植。

基肥种类及数量：每个树塘使用复合肥 0.8kg，种植前在树塘中与土壤充分混合均匀。

（三）抚育管理

如果是在展叶期种植，乔木种植后 3 个月内，必须保持土壤的湿润，每天喷洒叶面水；管护，除草、松土、施肥及病虫害防治等。

（四）关键技术

乔木土球直径不得小于胸径 10 倍；土球完整不散；保留 25%的原枝叶；吊车在吊装树时，吊带与树干或土球需要绑扎结实，不能出现滑动，以免拉伤树皮;浇足定根水;支撑要稳当;加强对根部虫害的防治;注意对病害的防治。

该景观配置技术成熟,苗木的起挖过程中,保持土球的完整是关键。大树的吊装、种植过程中保持树皮的完整是难点,注意各个操作环节即可。

五、雨林奇珍 I

(一)配置模式

培育目标:热带雨林景观。

主干树种:望天树、云南红豆、铁力木、波罗蜜。

适宜的地区:滇南、滇西南及其他气候湿热的地区。

适宜的立地条件特征: 全坡向;坡位中部;坡度 0°~25°;海拔 0~1200m;土壤为砖红壤、红壤。

搭配植物:藤本植物中泰南五味子(*Kadsura ananosma*);小乔木鸡蛋花;灌木栀子花、九里香;地被植物金花生。

造林模式的合理性分析:主要以热带雨林代表性的植物望天树为主景进行植物的搭配,配以羯布罗香、云南红豆、铁力木体现云南雨林植物景观;波罗蜜独特的结果方式体现了独特的热带风情;绿茵的地被金花生开着点点黄花构成一道具有边疆风情的美景。

造林配置:乔木混交(灌、草、藤绿化配置)。

种植密度、株行距:乔木 42 株/亩,4m×4m。

配置方式:呈层状布局最外层为鸡蛋花以不均匀的丛状配置。鸡蛋花散布其间,后为乔木植物按树种丛状不均匀配置。

整地方法及规格:乔木开穴,120cm×120cm×120cm。

(二)造林方法

大苗种植:八吨吊车吊装、种植。

地被:地被 25 株/m^2。

苗木规格:望天树苗 5~6m,胸径 8~10cm;云南红豆树苗 5~6m,胸径 8～10cm；铁力木树苗 3～4m，胸径 8～10cm；波罗蜜树苗高 7～8m，胸径 15～20cm；带土球大苗，鸡蛋花苗高 1.5～2m，地径 8～10cm，容器苗。

栽植时间：水保障的情况下，全年种植。

基肥种类及数量：每个树塘使用复合肥 0.8kg，种植前在树塘中与土壤充分混合均匀。

（三）抚育管理

如果是在展叶期种植，乔木种植后 3 个月内，必须保持土壤的湿润，每天喷洒叶面水；管护，除草、松土、施肥及病虫害防治等。

（四）关键技术

乔木土球直径不得小于胸径 10 倍；土球完整不散；保留 25%的原枝叶；吊车在吊装树时，吊带与树干或土球需要绑扎结实，不能出现滑动，以免拉伤树皮；浇足定根水；支撑要稳当；加强对根部虫害的防治，注意地老虎的危害；注意对病害的防治。

该景观配置技术成熟，但需要根据具体的地形地势现场调配，方能显示最佳景观，苗木的起挖过程中，保持土球的完整是关键。大树的吊装、种植过程中保持树皮的完整是难点，注意各个操作环节即可。

六、雨林奇珍Ⅱ

（一）配置模式

培育目标：热带山地季雨林景观。

主干树种：羯布罗香、海南黄花梨、海南红豆（*Ormosia pinnata*）、粉花山扁豆（*Cassia nodosa*）。

适宜的地区：滇南、滇西南及其他热带气候区。

适宜的立地条件特征：全坡向；坡位中部；坡度 0°～25°；海拔 600～1300m；土壤为砖红壤、红壤。

搭配植物：藤本植物扁担藤（*Tetrastigma planicaule*）；小乔木鸡蛋花（*Plumeria rubra*）；灌木玉叶金花、栀子花、九里香；地被植物金花生。

造林模式的合理性分析：主要以热带季雨林代表性的植物羯布罗香为主景进行植物的搭配，配以海南黄花梨、海南红豆、粉花山扁豆体现山地季雨林植物景观；配以繁花似锦的粉花山扁豆不但体现了雨林的绿，也体现了雨林的美，绿茵的地被点缀着点点黄花构成一道具有边疆风情的美。

造林配置：乔木混交(灌、草、藤绿化配置)。

种植密度、株行距：乔木 42 株/亩，4m×4m。

配置方式：呈层状布局最外层为鸡蛋花以不均匀的丛状配置，后为乔木植物按树种丛状不均匀配置。

整地方法及规格：大乔木开穴，120cm×120cm×120cm。

(二)造林方法

大苗种植：八吨吊车吊装、种植。

地被：地被 25 株/m^2。

苗木规格：羯布罗香树苗 5~6m，胸径 8~10cm；海南黄花梨树苗 5~6m，胸径 8~10cm；海南红豆树苗 3~4m，胸径 8~10cm；粉花山扁豆树苗高 4~5m，胸径 8~12cm；带土球大苗，鸡蛋花苗高 1.5~2m，地径 8~10cm，容器苗。

栽植时间：水保障的情况下，全年种植。

基肥种类及数量：每个树塘使用复合肥 0.8kg，种植前在树塘中与土壤充分混合均匀。

(三)抚育管理

如果是在展叶期种植，乔木种植后 3 个月内，必须保持土壤的湿润，每天喷洒叶面水；管护，除草、松土、施肥及病虫害防治等。

(四)关键技术

乔木土球直径不得小于胸径 10 倍；土球完整不散；保留 25%的原枝叶；吊车在吊装树时，吊带与树干或土球需要绑扎结实，不能出现滑动，以免拉伤树皮；支撑要稳当，浇足定根水；注意对病害的防治，重点加强对根部虫害的防治。

该景观配置技术成熟,但需要根据具体的地形地势现场调配,方能显示最佳景观效果,苗木的起挖过程中,保持土球的完整是关键。大树的吊装、种植过程中保持树皮的完整是难点,注意各个操作环节即可。

七、绿海凤凰

(一)配置模式

培育目标:热带风情景观。

主干树种:凤凰木、海南黄花梨、印度紫檀、粉花山扁豆。

适宜的地区:滇南、滇西南及其他热带气候区。

适宜的立地条件特征:全坡向;坡位中部;坡度 0°~25°;海拔 0~1200m;土壤为砖红壤、红壤。

搭配植物:小乔木鸡蛋花;灌木玉叶金花、栀子花、九里香;地被植物金花生。

造林模式的合理性分析:主要以热带季雨林代表性的景观植物凤凰木为主景进行植物的搭配,配以海南黄花梨、印度紫檀、粉花山扁豆体现热带热情、奔放风情景观;配以名贵的海南黄花梨、印度紫檀不但体现了热带植物的美,也体现了热带植物的高价值。

造林配置:乔木混交(灌、草、藤绿化配置)。

种植密度、株行距:乔木 42 株/亩,4m×4m。

配置方式:呈层状布局最外层为鸡蛋花以不均匀的丛状配置,后为乔木植物按树种丛状不均匀配置。

整地方法及规格:大乔木开穴,120cm×120cm×120cm。

(二)造林方法

大苗种植:八吨吊车吊装、种植。

地被:地被每平方米 25 株。

苗木规格:凤凰树苗 5~6m,胸径 8~10cm;海南黄花梨树苗 5~6m,胸径 8~10cm;印度紫檀树苗 3~4m,胸径 8~10cm;粉花山扁豆树苗高

4~5m,胸径8~12cm;带土球大苗,鸡蛋花苗高1.5~2m,地径8~10cm,容器苗。

栽植时间:水保障的情况下,全年种植。

基肥种类及数量:每个树塘使用复合肥0.8kg,种植前在树塘中与土壤充分混合均匀。

(三)抚育管理

如果是在展叶期种植,乔木种植后3个月内,必须保持土壤的湿润,每天喷洒叶面水;管护,除草、松土、施肥及病虫害防治等。

(四)关键技术

乔木土球直径不得小于胸径10倍;土球完整不散;保留25%的原枝叶;吊车在吊装树时,吊带与树干或土球需要绑扎结实,不能出现滑动,以免拉伤树皮;支撑要稳当,浇足定根水;注意对病害的防治,重点加强对根部虫害的防治。

该景观配置技术成熟,但需要根据具体的地形地势现场调配,方能显示最佳景观效果,苗木的起挖过程中,保持土球的完整是关键。大树的吊装、种植过程中保持树皮的完整是难点,注意各个操作环节即可。

八、董棕景观林

(一)配置模式

培育目标:暖亚热带风情景观。

主干树种:董棕、假槟榔(*Archontophoenix alexandrae*)。

适宜的地区:滇南、滇西南及其他湿热的暖亚热带气候区。

适宜的立地条件特征:全坡向;坡位中部;坡度0°~25°;海拔600~1300m;土壤为红壤。

搭配植物:小乔木鸡蛋花;灌木栀子花、九里香;地被植物金花生。

造林模式的合理性分析:主要以云南独特的董棕植物纯林,以体现其挺拔的树杆、大片的羽状叶，以较大的比例进行成片的种植，自成景观，体现暖亚热带独特的植物景观。

造林配置：乔木混交（灌、草为林下绿化配置）。

种植密度、株行距：乔木 42 株/亩，4m×4m。

配置方式：各种植物均可以由各种不同的组合方式自由搭配，相互映衬。

整地方法及规格：大乔木开穴，120cm×120cm×120cm。

（二）造林方法

大苗种植：八吨吊车吊装、种植。

地被：地被 25 株/m^2。

苗木规格：董棕树苗高 4～5m，胸径 15～25cm；假槟榔苗高 4～5m，胸径 6～10cm，带土球大苗；鸡蛋花苗高 1.5～2m，地径 8～10cm，容器苗。

栽植时间：水保障的情况下，全年种植。

基肥种类及数量：每个树塘使用复合肥 0.6kg，种植前在树塘中与土壤充分混合均匀。

（三）抚育管理

如果是在展叶期种植，乔木种植后 3 个月内，必须保持土壤的湿润，每天喷洒叶面水；管护，除草、松土、施肥及病虫害防治等。

（四）关键技术

乔木土球直径不得小于胸径 10 倍；土球完整不散；其余保留 40%的原枝叶；吊车在吊装树时，吊带与树干或土球需要绑扎结实，不能出现滑动，以免拉伤树皮；浇足定根水；支撑要稳当；注意对病害的防治；加强对根部虫害的防治。

该景观配置技术成熟，苗木的起挖过程中，保持土球的完整是关键。大树的吊装、种植过程中保持树皮的完整是难点，注意各个操作环节即可。

九、南洋杉景观林

(一)配置模式

培育目标:暖亚热带风情景观。

主干树种:南洋杉(*Araucaria cunninghamii*)、苹婆、黄兰(*Michelia champaca*)、白兰(*Michelia alba*)。

适宜的地区:滇南、滇西南及其他湿热的暖亚热带气候区。

适宜的立地条件特征:全坡向;坡位中部;坡度0°~25°;海拔600~1300m;土壤为红壤。

搭配植物:小乔木大花紫薇;灌木栀子花、九里香;地被植物金花生。

造林模式的合理性分析:主要以南洋杉独特的植物挺拔的树杆,以较大的大比例进行成片的种植,体现亚热带代表性针叶植物景观,点缀以苹婆、黄兰、白兰等高大的乔木配以观花与闻香植物体现的是亚热带植物景观。

造林配置:乔木混交(灌、草为林下绿化配置)。

种植密度、株行距:乔木42株/亩,4m×4m。

配置方式:南洋杉大比例种植,苹婆、黄兰、白兰散植其间,外围种植大花紫薇。高低搭配,针叶与阔叶搭配,观花与观叶植物搭配,相互映衬。

整地方法及规格:大乔木开穴,100cm×100cm×100cm。

(二)造林方法

大苗种植:八吨吊车吊装、种植。

地被:地被25株/m^2。

苗木规格:南洋杉树苗高5~6m,胸径10~22cm;苹婆、黄兰、白兰苗高4~5m,胸径6~10cm,大花紫薇苗高4~5m,胸径6~10cm,带土球大苗。

栽植时间:水保障的情况下,全年种植。

基肥种类及数量:每个树塘使用复合肥0.8kg,种植前在树塘中与土壤充分混合均匀。

(三)抚育管理

如果是在展叶期种植,乔木种植后 3 个月内,必须保持土壤的湿润,每天喷洒叶面水;管护,除草、松土、施肥及病虫害防治等。

(四)关键技术

乔木土球直径不得小于胸径 10 倍;土球完整不散;其余保留 25%的原枝叶;吊车在吊装树时,吊带与树干或土球需要绑扎结实,不能出现滑动,以免拉伤树皮;浇足定根水;支撑要稳当;注意对病害的防治,重点加强对根部虫害的防治。

该景观配置技术成熟,苗木的起挖过程中,保持土球的完整是关键。大树的吊装、种植过程中保持树皮的完整是难点,注意各个操作环节即可。

十、木棉虾子花景观林

(一)配置模式

培育目标:干热河谷风情景观。

主干树种:木棉花。

适宜的地区:滇南、滇西南及其他干热河谷气候区。

适宜的立地条件特征:全坡向;坡位中部;坡度 0°~25°;海拔 600~1300m;土壤为红壤。

搭配植物:小乔木鸡蛋花;灌木虾子花;地被植物金花生。

造林模式的合理性分析:木棉、虾子花是云南干热河谷的地带性植被,该景观主要以乡土大乔木木棉花,以较大的大比例进行成片的种植,点缀以鸡蛋花、虾子花体现干热河谷植物景观,适宜于管理困难的区域。

造林配置:乔木混交(灌、草为林下绿化配置)。

种植密度、株行距:乔木 42 株/亩,4m×4m。

配置方式:木棉大比例种植,鸡蛋花、虾子花散植其间,高低搭配,相互映衬。

整地方法及规格：大乔木开穴，100cm×100cm×100cm。

（二）造林方法

大苗种植：八吨吊车吊装、种植。

地被：地被 25 株/m^2。

苗木规格：木棉树苗高 5～6m，胸径 10～12cm，带土球大苗；鸡蛋花苗高 1.5～2m，地径6～8cm，容器苗。

栽植时间：水保障的情况下，全年种植。

基肥种类及数量：每个树塘使用复合肥 0.6kg，种植前在树塘中与土壤充分混合均匀。

（三）抚育管理

如果是在展叶期种植，乔木种植后 3 个月内，必须保持土壤的湿润，每天喷洒叶面水；管护，除草、松土、施肥及病虫害防治等。

（四）关键技术

乔木土球直径不得小于胸径 10 倍；土球完整不散；木棉保留 60%的原枝叶；吊车在吊装树时，吊带与树干或土球需要绑扎结实，不能出现滑动，以免拉伤树皮；浇足定根水；支撑要稳当；注意对病害的防治，注意加强对根部虫害的防治。

该景观配置技术成熟，在干热河谷区，浇足定根水是苗木成活的关键；同时苗木的起挖过程中，保持土球的完整是关键。大树的吊装、种植过程中保持树皮的完整是难点，注意各个操作环节即可。

十一、兰桂飘香

（一）配置模式

培育目标：亚热带风情景观。

主干树种：黄兰、桂花、白花羊蹄甲（*Bauhinia acuminata*）。

适宜的地区：滇南、滇西南及其他亚热带气候区。

适宜的立地条件特征:全坡向;坡位中部;坡度 0°~25°;海拔:1200~1500m;土壤为红壤。

搭配植物:小乔木鸡蛋花;灌木栀子花、九里香;地被植物金花生。

造林模式的合理性分析:主要以代表性的亚热带的观花、香花植物进行景观的搭配,高大的黄兰和白花羊蹄甲配以常绿中等乔木桂花高低搭配、常绿与落叶的搭配,观花与闻香,体现植物景观。

造林配置:乔木混交(灌、草为林下绿化配置)。

种植密度、株行距:乔木 42 株/亩,4m×4m。

配置方式:各种植物丛搭配,相互映衬。

整地方法及规格:大乔木开穴,120cm×120cm×120cm。

(二)造林方法

大苗种植:八吨吊车吊装、种植。

地被:地被 25 株/m^2。

苗木规格:黄兰树苗高 4~5m,胸径 8~10cm;桂花苗高 4~5m,胸径 16~20cm;白花羊蹄甲苗高 6~7m,胸径 20~25cm,带土球大苗;鸡蛋花苗高 1.5~2m,地径 8~10cm,容器苗。

栽植时间:水保障的情况下,全年种植。

基肥种类及数量:每个树塘使用复合肥 0.8kg,在种植前在树塘中与土壤充分混合均匀。

(三)抚育管理

如果是在展叶期种植,乔木种植后 3 个月内,必须保持土壤的湿润,每天喷洒叶面水;管护,除草、松土、施肥及病虫害防治等。

(四)关键技术

乔木土球直径不得小于胸径 10 倍;土球完整不散;桂花保留 60%的枝叶,其余保留 25%的原枝叶;吊车在吊装树时,吊带与树干或土球需要绑扎结实,不能出现滑动,以免拉伤树皮;浇足定根水;支撑要稳当;注意对病害的防治,加强对根部虫害的防治。

该景观配置技术成熟,苗木的起挖过程中,保持土球的完整是关键。大树的吊装、种植过程中保持树皮的完整是难点,注意各个操作环节即可。

十二、凤羽蓝花

(一)配置模式

培育目标:亚热带风情景观。

主干树种:蓝花楹、桂花。

适宜的地区:滇南、滇西南及滇中其他亚热带气候区。

适宜的立地条件特征:全坡向;坡位中部;坡度0°~25°;海拔1400~1850m;土壤为红壤。

搭配植物:灌木三角梅(*Bougainvillea spectabilis*)、金叶连翘(*Forsythia koreana*'Sun Gold')、红花檵木;地被混播草坪。

造林模式的合理性分析:蓝花楹以其独特的蓝色乔木花卉得到云南人民的广泛喜爱,树龄越大花越茂盛,成片的蓝花,形成一种壮观的美,辅以常绿的香花植物桂花进行景观的搭配,在冬季也不显得凋零。

造林配置:乔木混交(灌、草为林下绿化配置)。

种植密度、株行距:乔木42株/亩,4m×4m。

配置方式:乔木树种不均匀散植丛状搭配,相互映衬,三角梅种植于外围。

整地方法及规格:大乔木开穴,100cm×100cm×100cm。

(二)造林方法

大苗种植:八吨吊车吊装、种植。

地被:草籽混播。

苗木规格:蓝花楹树苗高4~5m,胸径8~10cm;桂花苗高4~5m,胸径16~20cm,带土球大苗;三角梅、金叶连翘、红花檵木球体,球体直径0.7~1m,容器苗。

栽植时间:水保障的情况下,全年种植。

基肥种类及数量：每个树塘使用复合肥0.6kg，种植前在树塘中与土壤充分混合均匀。

（三）抚育管理

如果是在展叶期种植，乔木种植后3个月内，必须保持土壤的湿润，每天喷洒叶面水；管护，除草、松土、施肥及病虫害防治等。

（四）关键技术

乔木土球直径不得小于胸径10倍；土球完整不散；桂花保留60%的枝叶，其余保留25%的原枝叶；吊车在吊装树时，吊带与树干或土球需要绑扎结实，不能出现滑动，以免拉伤树皮；浇足定根水；支撑要稳当；注意对病害的防治，加强对根部虫害的防治。

该景观配置技术成熟，苗木的起挖过程中，保持土球的完整是关键。大树的吊装、种植过程中保持树皮的完整是难点，注意各个操作环节即可。

十三、木兰望春

（一）配置模式

培育目标：北亚热带植物景观。

主干树种：望春玉兰（*Magnolia biondii*）、深山含笑、白玉兰（*Michelia alba*）、二乔玉兰（*Magnolia* × *soulangeana*）。

适宜的地区：玉溪、昆明、楚雄等滇中周边地区。

适宜的立地条件特征：全坡向；坡位中部；坡度0°~25°；海拔1700~2300m；土壤为黄壤。

搭配植物：灌木云南含笑、红花檵木球、大叶冬青球；地被植物黄金菊、金森女贞、红花檵木。

造林模式的合理性分析：在滇中地区望春玉兰通常在每年的11月底、12月初就开放，本模式以开花较早木兰科植物望春玉兰为主景植物，配以花大、色艳的白玉兰、二乔玉兰，再配以12月开花的常绿深山含笑,构建望春意境,常绿与落叶搭配,使用每个年周期中开花较早、花大、色艳的木兰科植物,较好地诠释了望春之意境。

造林配置:乔木混交(灌、草为林下绿化配置),望春玉兰、白玉兰、二乔玉兰面向人流最多的方向,深山含笑在后,散布其间。

种植密度、株行距:乔木 42 株/亩,4m×4m。

配置方式:乔、灌、草搭配种植,乔木呈层状布局。

整地方法及规格:全面整地,乔木开穴,100cm×100cm×100cm。

(二)造林方法

大苗种植:八吨吊车吊装、种植,辅以人工种植。

灌木、地被:灌木为球体,人工种植,地被 25 株/m^2。

苗木规格:望春玉兰树苗高 4~5m,胸径 8~12cm;白玉兰苗高 4~5m,胸径 8~12cm;二乔玉兰苗高 4~5m,胸径 12~14cm;深山含笑苗高 3.5~4.5m,胸径 8~10cm,带土球大苗;云南含笑苗高 0.5~1m,容器苗。

栽植时间:水保障的情况下,全年种植。

基肥种类及数量:大树每个树塘使用复合肥 0.5kg,种植前在树塘中与土壤充分混合均匀。

(三)抚育管理

如果是在展叶期种植,乔木种植后 3 个月内,必须保持土壤的湿润,每天喷洒叶面水;管护,除草、松土、施肥及病虫害防治等。

(四)关键技术

乔木土球直径不得小于胸径 10 倍;土球完整不散;展叶时种植,保留 40%的原枝叶,冬季种植时落叶植物可保留 100%枝叶;吊车的吊树时,吊带与树干或土球需要绑扎结实,不能出现滑动;浇足定根水;支撑要稳当;注意对病害的防治,加强对介壳虫害的防治。

该景观配置技术成熟,植物根据实际地形、地势的配置是重点,苗木的起挖过程中,保持土球的完整是关键。大树的吊装、种植过程中保持树皮的完整是难点,注意各个操作环节即可。

十四、百花迎春

（一）配置模式

培育目标：北亚热带植物景观。

主干树种：云南樱花、深山含笑、白玉兰、二乔玉兰。

适宜的地区：玉溪、昆明、楚雄等滇中周边地区。

适宜的立地条件特征：全坡向；坡位中部；坡度 0°～25°；海拔 1700～2300m；土壤为黄壤。

搭配植物：小乔木碧桃花（*Amygdalus persica*）、红花油茶、紫叶李（*Prunus cerasifera*）；灌木云南含笑、红花檵木球、迎春柳（*Forsythia viridissima*）；地被为混播草坪。

造林模式的合理性分析：春天是一个百花盛开的季节，该景观全部以观花植物为主景植物，碧桃配以花大、色艳的白玉兰、二乔玉兰，配以12 月开花的常绿深山含笑，构建迎春意境，常绿与落叶搭配，小乔木红花油茶、紫叶李，再配以观花的灌木云南含笑、红花檵木球、迎春柳，构建出满园春色的植物景观。

造林配置：乔木混交（灌、草为林下绿化配置），碧桃、白玉兰、二乔玉兰、紫叶李面向人流最多的方向，深山含笑在后，云南樱花散植其间。

种植密度、株行距：乔木 74 株/亩，3m×3m。

配置方式：乔、灌、草搭配种植，乔木呈层状布局。

整地方法及规格：全面整地，乔木开穴，100cm×100cm×100cm。

（二）造林方法

大苗种植：八吨吊车吊装、种植，辅以人工种植。

灌木、地被：灌木为球体，人工种植，混播草坪撒播。

苗木规格：云南樱花树苗高 4～5m，胸径 8～12cm；白玉兰苗高 4～5m，胸径 8～12cm；二乔玉兰苗高 4～5m，胸径 12～14cm；深山含笑苗高 3. 5～4. 5m，胸径 8～10cm，带土球大苗；云南含笑苗高 0. 5～1m；红花檵木球直径 0. 8m；迎春柳苗高 0. 3m；均为容器苗。

栽植时间：水保障的情况下，全年种植。

基肥种类及数量：大树每个树塘使用复合肥0.5kg，种植前在树塘中与土壤充分混合均匀。

（三）抚育管理

如果是在展叶期种植，乔木种植后3个月内，必须保持土壤的湿润，每天喷洒叶面水；管护，除草、松土、施肥及病虫害防治等。

（四）关键技术

乔木土球直径不得小于胸径10倍；土球完整不散；展叶时种植，保留40%的原枝叶，冬季种植时落叶植物可保留80%枝叶；吊车的吊树时，吊带与树干或土球需要绑扎结实，不能出现滑动；浇足定根水；支撑要稳当；注意对病害的防治，加强对食虫害的防治。

该景观配置技术成熟，植物的现地配置是重点，苗木的起挖过程中，保持土球的完整是关键。大树的吊装、种植过程中保持树皮的完整是难点，注意各个操作环节即可。

十五、樱花丽景

（一）配置模式

培育目标：北亚热带植物景观。

主干树种：云南樱花、垂丝海棠（*Malus halliana*）、冬樱花、红豆杉。

适宜的地区：滇东北、滇西北、滇中及其他北亚热带气候区。

适宜的立地条件特征：全坡向；坡位中部；坡度0°~25°；海拔1900~2500m；土壤为黄壤。

搭配植物：小乔木紫叶李；灌木红花檵木球、大叶冬青球；地被植物黄金菊、金森女贞、红花檵木。

造林模式的合理性分析：本模式乔木树种主要以云南樱花为主，体现樱花的繁盛之美，红豆杉主要作为一种背景植物，一为防止冬季樱花落叶后整个群落的过分凋零,二为衬托樱花和垂丝海棠的绚丽。常绿的灌木和地被也能够减少樱花落叶后的萧瑟之感。

造林配置:乔木混交(灌、草为林下绿化配置),云南樱花和垂丝海棠面向人流最多的方向,后为红豆杉,最后为冬樱花。

种植密度、株行距:乔木 74 株/亩,3m×3m。

配置方式:乔、灌、草搭配种植,乔木呈层状布局。

整地方法及规格:全面整地,乔木开穴,80cm×80cm×80cm。

(二)造林方法

大苗种植:八吨吊车吊装、种植,也可用人工种植。

灌木、地被:灌木为球体,人工种植,地被 25 株/m^2。

苗木规格:云南樱花树苗高 4~5m,胸径 8~12cm;垂丝海棠苗高 1.5~2m,胸径 3~6cm;冬樱花苗高 4~5m,胸径 12~14cm,带土球大苗;红豆杉苗高 1.5~2m,胸径 2.5~3.5cm,容器苗。

栽植时间:水保障的情况下,全年种植。

基肥种类及数量:大树每个树塘使用复合肥 0.5kg,种植前在树塘中与土壤充分混合均匀。

(三)抚育管理

如果是在展叶期种植,乔木种植后 3 个月内,必须保持土壤的湿润,每天喷洒叶面水;管护,除草、松土、施肥及病虫害防治等。

(四)关键技术

乔木土球直径不得小于胸径 10 倍;土球完整不散;保留 25%的原枝叶;吊车吊树时,吊带与树干或土球需要绑扎结实,不能出现滑动;浇足定根水;支撑要稳当;注意对病害的防治,加强对食叶虫害的防治。

该景观配置技术成熟,植物的现地配置是重点,苗木的起挖过程中,保持土球的完整是关键。大树的吊装、种植过程中保持树皮的完整是难点,注意各个操作环节即可。

十六、满堂喝彩

(一)配置模式

培育目标:亚热带植物景观。

主干树种:紫薇、蓝花楹、拟单性木兰。

适宜的地区:滇中、滇西、滇东南、滇西南亚热带气候区。

适宜的立地条件特征:全坡向;坡位中部;坡度 0°~25°;海拔 1400~1700m;土壤为黄壤。

搭配植物:灌木红花檵木球、三角梅球;草坪为混播草。

造林模式的合理性分析:“盛夏绿遮眼,此花满堂红”是本模式景观主旨,主要体现紫薇的繁花之美,利用云南拟单性木兰叶片常绿,色泽光亮表现“盛夏绿遮眼”作为一种背景植物,更好的突出表现紫薇的“满堂红”景观。

造林配置:乔木混交(灌、草为林下绿化配置),紫薇面向人流最多的方向,后为兰花楹,最后为云南拟单性木兰。

种植密度、株行距:乔木 74 株/亩,3m×3m。

配置方式:乔、灌、草搭配种植,乔木呈层状布局。

整地方法及规格:全面整地,乔木开穴,80cm×80cm×80cm。

(二)造林方法

大苗种植:八吨吊车吊装、种植,辅以人工种植。

灌木、地被:灌木为球体,人工种植,草坪为混播。

苗木规格:紫薇苗高 4~5m,胸径 8~12cm;兰花楹苗高 4. 5~6m,胸径 10~14cm;云南拟单性木兰苗高 4~5m,胸径 8~10cm,带土球大苗。

栽植时间:水保障的情况下,全年种植。

基肥种类及数量:大树每个树塘使用复合肥 0. 5kg,种植前在树塘中与土壤充分混合均匀。

(三)抚育管理

如果是在展叶期种植,乔木种植后3个月内,必须保持土壤的湿润,每天喷洒叶面水;管护,除草、松土、施肥及病虫害防治等。

(四)关键技术

乔木土球直径不得小于胸径10倍;土球完整不散;云南拟单性木兰、蓝花楹仅保留25%的原枝叶;吊车吊树时,吊带与树干或土球需要绑扎结实,不能出现滑动;浇足定根水;支撑要稳当;注意对病害的防治,加强对烟煤病的防治。

该景观配置技术成熟,植物的配置是重点,苗木的起挖过程中,保持土球的完整是关键。大树的吊装、种植过程中保持树皮的完整是难点,注意各个操作环节即可。

十七、碧玉清香

(一)配置模式

培育目标:亚热带植物景观。

主干树种:清香木、滇朴、紫薇。

适宜的地区:滇中、滇西、滇东南、滇西南及其他亚热带区域。

适宜的立地条件特征:全坡向;坡位中部;坡度0°~25°;海拔1600~2000m;土壤为黄壤。

搭配植物:灌木红花檵木球、大叶黄杨(*Buxus megistophylla*)球;草坪为混播草。

造林模式的合理性分析:清香木、滇朴是云南滇中区域内重要的乡土植物,非常适宜滇中的气候与土壤,清香木叶片常绿,色泽光亮,淡淡的清香让人爽心悦目,高大落叶的滇朴与相对低矮的清香木,形成高低搭配、常绿与落叶搭配。散植的紫薇,在盛夏时节突出表现“万绿丛中一点红”的景观。

造林配置:乔木混交(灌、草为林下绿化配置),紫薇面向人流最多的方向,后为清香木,滇朴散植其间。

种植密度、株行距:乔木 42 株/亩,4m×4m。

配置方式:乔、灌、草搭配种植,乔木呈层状布局。

整地方法及规格:全面整地,滇朴、清香木乔木开穴,100cm×100cm×100cm。

(二)造林方法

大苗种植:大乔木八吨吊车吊装、种植,辅以人工种植。

灌木、地被:灌木为球体,人工种植,草坪为混播。

苗木规格:滇朴苗高 6~8m,胸径 18~24cm;紫薇苗高 4~5m,胸径 8~12cm;清香木苗高 4~5m,胸径 8~10cm 或丛状,带土球大苗。

栽植时间:水保障的情况下,全年种植。

基肥种类及数量:大树每个树塘使用复合肥 0. 8kg,种植前在树塘中与土壤充分混合均匀。

(三)抚育管理

如果是在展叶期种植,乔木种植后 3 个月内,必须保持土壤的湿润,每天喷洒叶面水;管护,除草、松土、施肥及病虫害防治等。

(四)关键技术

乔木土球直径不得小于胸径 10 倍;土球完整不散;云南拟单性木兰、蓝花楹仅保留 25%的原枝叶;吊车吊树时,吊带与树干或土球需要绑扎结实,不能出现滑动;浇足定根水;支撑要稳当;注意对病害的防治,加强对烟煤病的防治。

该景观配置技术成熟,植物的配置是重点,苗木的起挖过程中,保持土球的完整是关键。大树的吊装、种植过程中保持树皮的完整是难点,注意各个操作环节即可。

十八、山花烂漫

(一)配置模式

培育目标:亚热带植物景观。

主干树种:冬樱花、云南松。

适宜的地区:滇西、滇东北、滇西北、滇中及其他亚热带气候区。

适宜的立地条件特征:全坡向;坡位中部;坡度 0°~25°;海拔 1700~2500m;土壤为黄壤。

搭配植物:地被植物波斯菊(*Cosmos bipinnata*)。

造林模式的合理性分析:这是一个配置简单,但景观效果较好,适宜管护困难的地区使用,春天冬樱花盛开,夏天满山、满坡各色盛开的波斯菊,体现了一种野趣、野性之美。

造林配置:冬樱花占 70%,云南松占 30%,形成一个针阔混交林。

种植密度、株行距:乔木 42 株/亩,4m×4m。

配置方式:散植。

整地方法及规格:全面整地,乔木开穴,80cm×80cm×80cm。

(二)造林方法

大苗种植:八吨吊车吊装、种植,人工配合种植。

苗木规格:冬樱花苗高 4~5m,胸径 8~10cm,带土球大苗;云南松苗高 1. 5~2m,胸径 2. 5~3. 5cm,容器苗。

栽植时间:水保障的情况下,全年种植。

基肥种类及数量:大树每个树塘使用复合肥 0. 8kg,种植前在树塘中与土壤充分混合均匀。

(三)抚育管理

重点对波斯菊葵花进行管护,及时补足缺塘,以保障景观效果。

(四)关键技术

使用云南松苗木野生苗木需提前一年断根处理,冬樱花土球直径不得小于胸径 10 倍;土球完整不散;秋、冬季种植时,冬樱花保留 80%的原枝条;吊车的吊树时,吊带与树干或土球需要绑扎结实,不能出现滑动;浇足定根水;支撑要稳当;加强对食叶害虫的防治。

该景观配置技术成熟,云南松容器苗木准备是重点,云南松要选择主干明显,无病虫害的苗木,冬樱花的起挖过程中,保持土球的完整是关键。大树的吊装、种植过程中保持树皮的完整是难点,注意各个操作环节即可。

十九、金秋硕果

(一)配置模式

培育目标:北亚热带植物景观。

主干树种:柿树(*Diospyros kaki*)、冬樱花、红豆杉。

适宜的地区:滇西、滇东北、滇西北、滇中及其他北亚热带气候区。

适宜的立地条件特征:全坡向;坡位中部;坡度 0°~25°;海拔 1700~2500m;土壤为黄壤。

搭配植物:农作物为葵花(*Helianthus annuus*);灌木红花檵木球、大叶冬青球。

造林模式的合理性分析:金秋时节,秋高气爽,蓝天白云间,高高的树枝头挂着沉甸甸橘黄色的柿果,各色鸟儿飞翔其间,本模式就是利用柿果展示秋天的收获之美,红豆杉主要作为一种背景植物,一为防止冬季柿树落叶后整个群落的过分凋零,二为衬托柿果的绚丽。盛夏时节大地一片葱绿,点缀一片金黄色的葵花,葵花之美跃入眼帘;常绿的灌木和地被也能够减少柿树落叶后的萧瑟之感。

造林配置:乔木与农作物的搭配,柿树与葵花面向人流最多的方向,后为红豆杉,最后为冬樱花。

种植密度、株行距:乔木 42 株/亩,4m×4m。

配置方式:乔、灌搭配种植,乔木呈层状布局。

整地方法及规格:全面整地,乔木开穴,80cm×80cm×80cm。

(二)造林方法

大苗种植:八吨吊车吊装、种植,人工配合种植。

苗木规格:柿树苗高5~6m,胸径12~20cm;冬樱花苗高4~5m,胸径8~10cm,带土球大苗;红豆杉苗高1.5~2m,胸径2.5~3.5cm,容器苗。

栽植时间:秋冬季种植。

基肥种类及数量:大树每个树塘使用复合肥0.8kg,种植前在树塘中与土壤充分混合均匀。

(三)抚育管理

葵花管护,除草、松土、施肥及病虫害防治是管护的重点,葵花收获后,枝叶现地粉碎做肥料,回填到土壤中。

(四)关键技术

乔木土球直径不得小于胸径10倍;土球完整不散;秋、冬季种植时,柿保留60%的原枝条;吊车的吊树时,吊带与树干或土球需要绑扎结实,不能出现滑动;浇足定根水;支撑要稳当;加强对食叶害虫的防治;注意对葵花的种植管理。

该景观配置技术成熟,植物的施工设计配置是重点,苗木的起挖过程中,保持土球的完整是关键。大树的吊装、种植过程中保持树皮的完整是难点,注意各个操作环节即可。

二十、金秋果园

(一)配置模式

培育目标:北亚热带、温带植物景观。

主干树种:银杏纯林。

适宜的地区:滇西、滇东北、滇西北、滇中及其他湿润的北亚热带、温带气候区。

适宜的立地条件特征：全坡向；坡位中部；坡度0°~25°；海拔1700~2500m；土壤为黄壤。

搭配植物：地被为混播草坪。

造林模式的合理性分析：蓝天白云，秋叶金黄是一种独特的秋色之美，金秋时节满树满地的金黄，一种理想的秋色美。

造林配置：营造银杏纯林。

种植密度、株行距：乔木42株/亩，4m×4m。

配置方式：纯林，三角形错位种植。

整地方法及规格：全面整地，乔木开穴，100cm×100cm×100cm。

（二）造林方法

大苗种植：八吨吊车吊装、种植，人工配合种植。

苗木规格：银杏树苗高6~7m，胸径14~16cm，带土球大苗。

栽植时间：秋冬季种植。

基肥种类及数量：大树每个树塘使用复合肥0.8kg，种植前在树塘中与土壤充分混合均匀。

该景观配置技术成熟，苗木的起挖过程中，保持土球的完整是关键，银杏树冠恢复慢，土球不宜过小。大树的吊装、种植过程中保持树皮的完整是难点，注意各个操作环节即可。

（三）抚育管理

注意草坪病虫害的防治是管护的重点，秋季的落叶不急于清除。

（四）关键技术

乔木土球直径不得小于胸径10倍；土球完整不散；秋、冬季种植时，柿保留70%的原枝条；吊车吊树时，吊带与树干或土球需要绑扎结实，不能出现滑动；浇足定根水；支撑要稳当；加强对根部虫害的防治。

二十一、落叶阔叶林景观

(一)配置模式

培育目标:温带植物景观。

主干树种:桤木林、枫香林,杨、桦林、楸木(*Catalpa bungei*)、雪松。

适宜的地区:滇东北、滇西北及其他气候温凉的地区。

适宜的立地条件特征:全坡向;坡位中部;坡度0°~25°;海拔2200~2800m;土壤为黄壤。

搭配植物:灌木红花檵木球、大叶冬青球;地被植物黄金菊、金森女贞、红花檵木。

造林模式的合理性分析:本模式乔木树种主要以落叶阔叶林植物为主,体现温带气候区的植物景观,常绿的雪松散布其间,常绿与落叶搭配,一为防止冬季落叶后整个群落的过分凋零,二为衬托杨树、枫香、桦木的秋色之美。楸木在春天开花时节,一树繁花,体现了春天的绚丽,常绿的灌木和地被也能够减少冬季落叶后的萧瑟之感。

造林配置:乔木混交(灌、草为林下绿化配置),楸木、枫香和桦木面向人流最多的方向,后为桤木,雪松与杨树点缀其间。

种植密度、株行距:4m×4m。

配置方式:乔、灌、草搭配种植,乔木呈层状布局。

整地方法及规格:全面整地,乔木开穴,150cm×150cm×100cm。

(二)造林方法

大苗种植:八吨吊车吊装、种植。

灌木、地被:灌木为球体,人工种植,地被25株/m^2。

苗木规格:桤木树苗高2~3m,胸径4~6cm;枫香林苗高4~5m,胸径8~12cm;杨树苗高3~4m,胸径4~6cm;桦林、楸木林苗高3~4m,胸径4~6cm;雪松苗高5~6m,胸径10~14cm,带土球大苗。

栽植时间:每年3月种植效果最好,水保障的情况下,也可全年种植。

基肥种类及数量:大树每个树塘使用复合肥0.6kg,种植前在树塘中与土壤充分混合均匀。

(三)抚育管理

如果是在展叶期种植,乔木种植后3个月内,必须保持土壤的湿润,每天喷洒叶面水;管护,除草、松土、施肥及病虫害防治等。

(四)关键技术

乔木土球直径不得小于胸径10倍;土球完整不散;保留25%的原枝叶;吊车的吊树时,吊带与树干或土球需要绑扎结实,不能出现滑动;浇足定根水;支撑要稳当;加强对地被虫害的防治。

该景观配置技术成熟,植物的配置是重点,苗木的起挖过程中,保持土球的完整是关键。大树的吊装、种植过程中保持树皮的完整是难点,注意各个操作环节即可。

二十二、层林尽染

(一)配置模式

培育目标:温带植物景观。

主干树种:速生杨(*Populus tomentosa*)、枫香、美国红枫(*Acer rubrum*)、雪松。

适宜的地区:滇东北、滇西北及其他气候温凉的地区。

适宜的立地条件特征:全坡向;坡位中部;坡度0°~25°;海拔2200~2800m;土壤为黄壤。

搭配植物:小乔木山玉兰、紫叶李、红枫;灌木红花檵木球、大叶冬青球;地被植物黄金菊、金森女贞、红花檵木。

造林模式的合理性分析:本模式乔木树种主要以秋季变色的彩叶植物为主,体现温带气候区的秋色之美,常绿的雪松与山玉兰作为两种背景植物,高低搭配,一为防止冬季落叶后整个群落的过分凋零,二为衬托速生杨、枫香、美国红枫、红枫的绚丽。常绿的灌木和地被也能够减少樱花落叶后的萧瑟之感。

造林配置：乔木混交（灌、草为林下绿化配置），枫香和红枫面向人流最多的方向，后为速生杨，雪松与山玉兰点缀其间。

种植密度、株行距：速生杨、枫香 4m×4m，美国红枫 3m×3m。雪松、山玉兰散植其间。

配置方式：乔、灌、草搭配种植，乔木呈层状布局。

整地方法及规格：全面整地，乔木开穴，雪松 150cm×150cm×100cm。其余 80cm×80cm×80cm。

（二）造林方法

大苗种植：八吨吊车吊装、种植，也可用人工种植。

灌木、地被：灌木为球体，人工种植，地被 25 株/m^2。

苗木规格：速生杨树苗高 6~7m，胸径 8~12cm；垂丝海棠苗高 1.5~2m，胸径 3~6cm；美国红枫苗高 4~5m，胸径 12~14cm；雪松苗高 4~5m，胸径 12~14cm；枫香苗高 4~5m，胸径8~12cm，带土球大苗；山玉兰、紫叶李苗高2.5~3.5m，胸径4~6cm；红枫苗高 1.5~2m，胸径 2.5~3.5cm，容器苗。

栽植时间：水保障的情况下，全年种植。

基肥种类及数量：大树每个树塘使用复合肥 0.5kg，种植前在树塘中与土壤充分混合均匀。

（三）抚育管理

如果是在展叶期种植，乔木种植后 3 个月内，必须保持土壤的湿润，每天喷洒叶面水；管护，除草、松土、施肥及病虫害防治等。

（四）关键技术

乔木土球直径不得小于胸径 10 倍；土球完整不散；保留 25%的原枝叶；吊车吊树时，吊带与树干或土球需要绑扎结实，不能出现滑动；浇足定根水；支撑要稳当；加强对介壳虫害的防治。

该景观配置技术成熟，植物的配置是重点，苗木的起挖过程中，保持土球的完整是关键。大树的吊装、种植过程中保持树皮的完整是难点，注意各个操作环节即可。

二十三、踏雪寻梅

(一)配置模式

培育目标:温带植物景观。

主干树种:梅(*Armeniaca mume*)、蜡梅(*Chimonanthus praecox*)、贴梗海棠(*Chaenomeles speciosa*)、美国红枫、雪松。

适宜的地区:滇东北、滇西北及其他气候温凉的地区。

适宜的立地条件特征:全坡向;坡位中部;坡度0°~25°;海拔2200~2800m;土壤为黄棕壤、棕壤。

搭配植物:小乔木红枫;灌木红花檵木球、大叶冬青球;地被为耐低温混播草坪。

造林模式的合理性分析:本模式以赏梅为主景,点缀以秋季变色的彩叶植物美国红枫为主,体现温带气候区的秋色之美,常绿的雪松作为背景植物,高低搭配,一为防止冬季落叶后整个群落的过分凋零,二为衬托出美国红枫、红枫的绚丽。常绿的灌木和地被也能够减少冬季的萧瑟之感。

造林配置:乔木混交(灌、草为林下绿化配置),梅、蜡梅、贴梗海棠和红枫面向人流最多的方向,后为美国红枫,雪松点缀其间。

种植密度、株行距:乔木3m×3m,雪松散植其间。

配置方式:乔、灌、草搭配种植,乔木呈层状布局。

整地方法及规格:全面整地,乔木开穴,雪松150cm×150cm×100cm,其余80cm×80cm×80cm。

(二)造林方法

大苗种植:八吨吊车吊装、种植,辅以人工种植。

灌木、地被:灌木为球体,人工种植,耐低温地被撒播。

苗木规格:美国红枫树苗高4~5m,胸径8~12cm;梅苗高2~3m,胸径 8~10cm,雪松苗高 6~7m,胸径 14~16cm,带土球大苗,贴梗海棠、蜡梅苗高 1.5~2m,地径 2.5~3.5cm,容器苗。

栽植时间:水保障的情况下,全年种植。

基肥种类及数量:大树每个树塘使用复合肥 0.5kg,种植前在树塘中与土壤充分混合均匀。

(三)抚育管理

如果是在展叶期种植,乔木种植后 3 个月内,必须保持土壤的湿润,每天喷洒叶面水;管护,除草、松土、施肥及病虫害防治等。

(四)关键技术

乔木土球直径不得小于胸径 10 倍;土球完整不散;除雪松外保留 50%的原枝叶;吊车吊树时,吊带与树干或土球需要绑扎结实,不能出现滑动;浇足定根水;支撑要稳当;加强对介壳虫害的防治。

该景观配置技术成熟,植物的现场配置是重点,苗木的起挖过程中,保持土球的完整是关键。雪松的吊装、种植过程中保持树冠、树皮的完整是难点,注意各个操作环节即可。

二十四、苍松傲雪

(一)配置模式

培育目标:温带植物景观。

主干树种:雪松、日本樱花(*Cerasus yedoensis*)。

适宜的地区:滇东北、滇西北及其他气候温凉的地区。

适宜的立地条件特征:全坡向;坡位中部;坡度 0°~25°;海拔 2200~3400m;土壤为黄棕壤、棕壤。

搭配植物:小乔木紫叶李;灌木红花檵木球、大叶冬青球;地被为混播草坪。

造林模式的合理性分析:雪松原产于喜马拉雅山地区,树干高大挺拔,树形为圆锥形,常绿,耐霜雪,适应于高海拔的地区种植。外围点缀冬季落叶、春天怒放的日本樱花,常绿的雪松在皑皑白雪中体现了生命的壮美,坚强之感油然而生。

造林配置:雪松成片种植,日本樱花、紫叶李点缀在外围。

种植密度、株行距:4m×4m。

配置方式:乔、灌、草搭配种植,乔木呈层状布局。

整地方法及规格:全面整地,乔木开穴,雪松150cm×150cm×100cm,其余80cm×80cm×80cm。

(二)造林方法

大苗种植:八吨吊车吊装、种植,人工辅助种植。

灌木、地被:灌木为球体,人工种植,耐低温草籽混播。

苗木规格:雪松苗高6~8m,胸径16~20cm;日本樱花树苗高4~5m,胸径8~12cm;紫叶李苗高4~5m,胸径8~10cm,带土球大苗。

栽植时间:2~3月种植。

基肥种类及数量:大树每个树塘使用复合肥0.8kg,种植前在树塘中与土壤充分混合均匀。

(三)抚育管理

冬季树干防冻是主要的管理措施。

(四)关键技术

乔木土球直径不得小于胸径10倍;土球完整不散;雪松保留90%的原枝叶;吊车吊树时,吊带与树干或土球需要绑扎结实,不能出现滑动;浇足定根水;支撑要稳当;加强对蛀杆害虫的防治。

该景观配置技术成熟,植物的配置是重点,苗木的起挖过程中,保持土球的完整是关键。大树的吊装、种植过程中保持树皮的完整是难点,注意各个操作环节即可。

二十五、悠悠白桦

(一)配置模式

培育目标:温带植物景观。

主干树种:白桦、花楸(*Sorbus pohuashanensis*)。

适宜的地区:滇东北、滇西北及其他气候温凉的地区。

适宜的立地条件特征:全坡向;坡位中部;坡度0°~25°;海拔2200~3400m;土壤为黄棕壤、棕壤。

搭配植物:灌木沙棘(*Hippophae rhamnoides*);地被为混播耐低温草坪。

造林模式的合理性分析:白桦树干高大挺拔,树皮为白色,树节似人眼,耐霜雪,适应于高海拔的地区种植。花楸为温带重要的观果树木,果实成熟时节,满树红色的果实缀满枝头,在蓝天白云的映衬下格外的美丽。

造林配置:白桦成片种植,花楸散植其间。

种植密度、株行距:4m×4m。

配置方式:三角形错位配置。

整地方法及规格:全面整地,乔木开穴100cm×100cm×100cm。

(二)造林方法

大苗种植:八吨吊车吊装、种植,人工辅助种植。

灌木、地被:灌木沙棘修建成球体状,人工种植,耐低温草籽混播。

苗木规格:白桦苗高4~5m,胸径8~10cm;花楸树苗高3~4m,胸径6~8cm,带土球大苗。

栽植时间:2~3月种植。

基肥种类及数量:大树每个树塘使用复合肥0.8kg,种植前在树塘中与土壤充分混合均匀。

(三) 抚育管理

冬季树干防冻是主要的管理措施。

(四) 关键技术

乔木土球直径不得小于胸径10倍;土球完整不散;保留70%的原枝叶;吊车的吊树时,吊带与树干或土球需要绑扎结实,不能出现滑动;浇足定根水;支撑要稳当;加强对蛀杆害虫的防治。

该景观配置技术成熟,植物的配置是重点,苗木的起挖过程中,保持土球的完整是关键。大树的吊装、种植过程中保持树皮的完整是难点,注意各个操作环节即可。

参 考 文 献

白超．丽江高山植物[M]．昆明:云南科学技术出版社,2016.

白辉,刘莹．略论云南特色小集镇规划[C]．昆明:2012 中国城市规划年会,2012.

《滨水景观》编委会．滨水景观(当代顶级景观设计详解)[M]．北京:中国林业出版社,2014.

陈必胜,黄增艳,蒋昌华．垂直绿化植物开发与应用研究[J]．上海建设科技,2005(2):37-39.

陈丽,董洪进,彭华．云南省高等植物多样性与分布状况[J]．生物多样性,2013,21,(3):359-363.

陈利,李杰科．高速公路景观绿化管理与施工要点探讨[J]．西部交通科技,2019(11):175-177.

陈陆露．郑州市贾鲁河河道绿化设计[J]．福建林业科技,2019,46(4):83-88.

陈梅,林萍,孙成江,等．云南主要花卉种质资源发展的历史与现状[J]．广东园林,2009(2):51-55.

陈强,常恩福,李品荣,等 滇东南岩溶山区造林树种选择试验[J]．云南林业科技,2001,30(3):11-16.

陈胜营,汪亚干,张剑飞．公路设计指南[M]．北京:人民交通出版社,2000.

陈文红,税玉民,司马永康,等．云南东南部有花植物要览[M]．昆明:云南科学技术出版社,2000.

陈兴祥．昆明市城市绿化树种选择[J]．林业调查规划,2005,30(5):104-107.

程绪珂．中国野生花卉图谱[M]．上海:上海文化出版社,1998.

蔡火勤,黄国贤．利用水生植物多样性改善城乡河道水环境[J]．浙江园林,2019(1):56.

蔡雨新,方向京,孟广涛,等．昆明市 4 种城市绿化树种的生态功能比较[J]．西部林业科学,2006,35(3):76-80.

曹琼,马勇．云南绿色走廊建设初探——以昆石高速公路沿线绿化为例[J]．绿色科技,2017(9):74-75,77

寸东义,丁元明,李旻,等．浅谈几种云南野生花卉的开发与利用[J]．绿色科技,2013(6):83-85.

戴维·瑞伊．活植物收集[M]．昆明:云南科学技术出版社,2019.

戴益源,黄海燕,张学星．云南城市绿化乡土野生观赏树种选育的关键问题分析[J]．西部林业科学,2010,39(3):89-92.

但新球,喻甦,吴协保,等. 我国石漠化区域划分及造林树种选择探讨[J]. 中国林业调查规划,2003(4):20-23.

董世魁,崔保山,刘世梁,等. 云南省公路路域绿化护坡植物的生态区划与选择[J]. 环境科学学报,2006,26(6):1038-1046.

窦红文. 浅谈集镇园林绿化的建设与管理[J]. 住宅与房地产,2018(7):85.

杜有新,杨涛,李成才,等. 云南高山花卉种质资源调查[J]. 南京林业大学学报(自然科学版),2003(5):80-84.

高速公路丛书编委会. 高速公路交通工程及沿线设施[M]. 北京:人民交通出版社,1999

高速公路丛书编委会. 高速公路环境保护与绿化[M]. 北京:人民交通出版社,2001.

巩合德. 观赏植物学——云南[M]. 北京:中国环境出版社,2016.

国家林业局野生动植物保护和自然保护区管理司,中国科学院植物研究所. 中国珍稀植物图鉴[M]. 北京:中国林业出版社,2013.

过永惠. 乡土树种在昆明城市绿化中的应用[C]. 2014 年云南省老科协农村农业改革创新与农业现代化论坛,丽江,2014.

关文灵,李世锋. 云南野生翠雀属花卉资源[J]. 亚热带植物科学. 2002,(S1):61-64.

黄国丘,唐岱,宋钰红. 大理市绿地系统树种规划研究[J]. 西南林学院学报,2006,26(2):56-58,61.

何怡. 生态建设理念在孟连县南垒河绿色长廊建设中的实践与布局[J]. 绿色科技,2017(11):53-54.

贺宇. 基于地域特色化的高速公路景观绿化设计探讨——以云南大丽高速公路景观绿化设计为例[J]. 规划师. 2011(12):89-94.

黄婷. 景观概念设计创作方法与实例[M]. 北京:中国林业出版社,2019.

江海林,桑景拴. 论湿地绿化的植物选择[J]. 林业建设,2012(3):53-55.

焦瑜,李承森. 中国云南蕨类植物[M]. 北京:科学出版社,2000.

金振洲. 云南高原湿地植物的分类与地理生态特征汇编[M]. 北京:科学出版社,2009.

赖兴会. 云南石漠化土地的分区及其绿化造林树(草)种选择[J]. 林业调查规划. 2002,27(S1):109-112.

兰国玉,吴志祥,谢贵水,等. 中国植胶区林下植物(云南卷) [M]. 北京:中国农业科学技术出版社.

雷玮,李江. 论景观建设与云南中小城镇绿化[J]. 西部林业科学,2004,33(1):78-82.

李承森. 中国植被演替与环境变迁(第 1 卷云南晚新生代植物和气候) [M]. 南京:江苏科学技术出版社,2008.

李福秀. 洱海东岸面山造林树种研究[J]. 林业建设,2002(1):9-12.

李贵祥,孟广涛,方向京,等. 珠江源头区不同地类人工恢复植被树种选择及生态效益研究[J]. 水土保持通报,2007,(4):126-130.

李慧星,杨云花,钱树坤. 云南城市绿化树木抗旱养护管理技术[J]. 中国园艺文摘,2013(1):93,41.

李若飞,韩文俊. 云南乡土树种在玉溪市绿化中的应用[J]. 北京农业,2013(29):69.

李艳琳. 云南园林绿化中的生态环境问题及对策[J]. 现代园艺,2015(22):165.

李艳琳. 乡土树种在昆明城市园林绿化中的应用[J]. 中国园艺文摘,2016(2):115-116.

李伟,李旦,沈立新,等. 云南特色资源植物及利用[M]. 北京:中国林业出版社,2017.

李作文. 园林宿根花卉彩色图[M]. 沈阳:辽宁科学技术出版社,2002.

林萍,汪元超,汪喜. 云南乡土树种在昆明城市绿化中的应用[J]. 西南林学院学报,2003,23(1):38-42.

刘爱华,许再富,窦剑. 西双版纳野生花卉资源的利用与保护[J]. 中国野生植物资源,2006,25(6):23-25.

刘朝晖,张映雪. 公路线形与环境设计[M]. 北京:人民交通出版社,2003

刘芮. 大理市双鸳溪河道综合治理绿化植物配置调查[J]. 农业工程,2016(1):62-64.

刘世龙,赵见明. 云南德宏州高等植物[M]. 北京:科学出版社,2009.

刘少冲,王博,卢良,等. 景观细部设计图集[M]. 北京:中国林业出版社,2016.

刘喜元,徐海波,曹明建. 低成本河道绿化带养护模式的探讨[J]. 浙江水利科技,2018(4):48-49.

刘勇,杜建军. 城市树木整形修剪技术[M]. 北京:中国林业出版社,2017.

刘云彩,施莹,张学星. 云南城市绿化树种[M]. 昆明:云南民族出版社, 2008.

陆树刚. 植物分类学[M]. 北京:科学出版社,2016.

罗群,孟广涛. 昆明树木园观赏植物资源及园林应用评价[J]. 福建林业科技,2011,38(3):131-137.

马宏旺. 谈小集镇园林绿化建设[J]. 现代农业科技,2009(16):197,199.

马骏,庞惠仙,马林,等. 滇中地区荒山造林乡土树种选择试验[J]. 西部林业科学,2013,42(3):117-122.

马永鹏,刘德团,高富,等. 中国西南地区乡土树种选择研究[M]. 昆明:云南科学技术出版社,2019.

牛焕琼. 观赏植物苗木繁殖技术[M]. 北京:中国林业出版社,2013.

彭华,云南省林业厅,中国科学院昆明植物研究所. 云南常见湿地植物图鉴[M]. 昆明:云南科学技术出版社,2014.

沈士华. 生态水景与湿地景观营造[M]. 北京:中国林业出版社,2016.

苏雪痕. 中国野生观赏植物种质资源和应用前景[J] . 中国花卉园艺, 2007(22):30.

王敏. 北方城市生态河道绿化设计原则在青岛新民河的应用[J]. 现代园艺,2018(3):160.

深圳文科园林股份有限公司. 海绵城市与园林景观[M]. 北京:中国林业出版社,2016.

孙卫邦,马骏,孔繁才,等. 昆明市五采区生态修复植物推荐名录[M]. 昆明:云南人民出版社,2019.

孙亚丽,李荣波．云南省高速公路绿化景观设计模式探讨[J]．西部资源,2020(2):193-195.

芮士光．对集镇绿化建设的实践与思考[J]．北京农业,2013(24):63.

树木学(南方)编写委员会．树木学(南方)[M]．北京:中国林业出版社,1994.

舒相才．腾冲县主要造林树种选择[J]．林业调查规划,2004,29(S1):40-43.

苏雪痕．植物景观规划设计[M]．北京:中国林业出版社,2018.

孙维帮．乡土植物与现代城市园林景观建设[J]．中国园林,2003,23(7):63-65.

孙卫邦,杨静,刀志灵,等．云南省极小种群野生植物研究与保护[M]．北京:科学出版社．

唐岱,李宗艳,王锦．云南铁线莲花卉种质资源生境及观赏类型[J]．西南林学院学报,2002(2):5-7,14.

唐学山,李雄,曹礼昆．园林设计[M]．北京:中国林业出版社,1997.

田静,王洪武．西双版纳热带雨林观赏植物及可持续发展[J]．重庆工商大学学报(自然科学版),2011,28(5):544-546.

田敏,黎霞,苏群,等．云南水生花卉资源及其产业现状[J]．农学学报,2019,9(11):38-43.

王达明．适于滇西北造林的6类乡土灌木树种[J]．云南林业科技,2003,32(2):4-7.

汪建云．高黎贡山植物研究[M]．昆明:云南大学出版社,2008.

王革,熊凌．云南乡土树种在昆明市居住小区中的应用现状[J]．云南农业科技,2007(4):46-47.

王继华,关文灵,李世峰,等．云南木本观赏植物资源(第一册)[M]．北京:科学出版社．

王建强,姚永锋,王小雄．高速公路绿化研究[J]．西安公路交通大学学报．2001,35(4):78-80.

王铖,朱红霞．彩叶植物与景观[M]．北京:中国林业出版社,2015.

王慷林,李莲芳．资源植物学[M]．北京:科学出版社,2019.

王力．香格里拉县城区绿化树种选择的探讨[J]．现代园艺,2014(23):76-77.

王艺,李荣琼,付炳华,等．昆明市乡村机耕道路绿化树种选择及栽植技术[J]．云南农业科技,2008(6):56-57.

魏佳吉．浅谈高速公路绿化与生态保护[J]．园林园艺,2017(05):280.

文鸿．昆明周边美丽乡村街巷景观建设研究[J]．大众文艺,2015(20):69.

武全安．中国云南野生花卉[M]．北京:中国林业出版社, 1999.

吴玲．湿地植物与景观[M]．北京:中国林业出版社,2010.

吴庆书．热带园林植物景观设计[M]．北京:中国林业出版社,2009.

肖龙山．浅谈牛栏江河道绿化的途径及措施[J]．绿色科技．2014(3):185-188.

徐盛龙．如何建设具有独特风格的河道绿化景观[J]．现代园艺,2016(4):160.

薛聪贤．景观植物实用图鉴[M]．合肥:安徽科学技术出版社,2002.

熊子仙．云南资源植物学[M]．昆明:云南教育出版社,1997.

徐永椿．云南树木图志[M]．昆明:云南科学技术出版社,1991.

徐志辉．云南野生植物[M]．昆明:云南教育出版社,2000.

闫金玲,凌青．云南乡土树种的驯化与开发应用[J]．中国园艺文摘,2017(1):103-104.

杨洪敏,樊国盛,唐岱,等．安宁市城市绿地系统树种规划[J]．林业调查规划,2006,31(2):137-141.

杨葵玲．野生植物在农村公路绿化中的运用[J]．公路交通科技(应用技术版),2009(3):155-157.

杨华．东川干热河谷地带造林树种的选择及造林方法[J]．吉林农业,2013(1):141-142.

杨晓娟．云南保腾高速公路绿化综合应用技术[J]．公路交通科技(应用技术版),2015(2):261-263.

杨文宏,和加卫,黄杏娥．玉龙雪山乡土树种资源调查[J]．江西农业学报,2019,31(5):41-48.

杨雪清．云南八大名花和珍稀动植物[M]．昆明:云南大学出版社,2009.

杨宇明,孙茂盛．迷醉之旅——走进云南植物世界[M]．北京:北京大学出版社,2012.

易伟．昆明市主城区道路绿化的调查与思考[J]．农技服务,2017,34(23):62-70.

云南省科学技术厅．云南药用植物栽培技术丛书[M]．昆明:云南科学技术出版社,2000.

云南省林业厅．云南森林资源[M]．昆明:云南科学技术出版社,2018.

张奎．河道绿化的作用与技术要点[J]．现代农业科技,2016(17):148,151.

张长生．云南公路绿化工作的思考与探索[J]．交通标志化,2009(9):212-217.

张光灿,胡海波,王树森,等．水土保持植物[M]．北京:中国林业出版社,2011.

张金政,林秦文．藤蔓植物与景观[M]．北京:中国林业出版社,2015.

张启泰,陶国达,龚洵,等．中国云南野生观果植物[M]．北京:外文出版社,2018.

张石宝,胡虹,王华,等．云南的高山花卉种质资源及开发利用[J]．中国野生植物资源,2005,24(3):19-22.

张明发．浅析城市立体绿化[J]．农技服务,2007(2):91-92.

张万雄．云南小城镇道路建设中绿化植物选择探讨[J]．农村实用技术,2017(5):23-24.

张学星,何蓉,施莹,等．云南乡土绿化树种对 HCL 和 HF 气体的反应[J]．西北林学院学报,2006,21(5):47-51.

张学星,施莹,周筑,等．云南城市行道树选择及综合评价研究[J]．浙江农林大学学报,2011,28(6):922-926.

赵玉堂．洱海东面山造林绿化树种选择[J]．林业调查规划,2002,27(S1):112-115.

曾丽华．大理市村庄绿化植物选择初探[J]．林业调查规划,2011,36(1):135-139.

郑进烜,卢珍红,赵金发,等,昆明市园林植物资源综合评价研究[J]．林业调查规划,2014,39(5):143-149.

中国科学院昆明植物研究所．云南植物志中拉丁名和经济植物总索引[M]．北京:科学出版社,2016.

朱华,闫丽春. 云南西双版纳野生种子植物[M]. 北京:科学出版社,2012.

Jun Zhao, Gao-huan Liu, Qing-sheng Liu, et al. Project of "three networks greening" based on optimal allocation in the Yellow River Delta, China (Dongying section) [J]. Forestry Studies in China, 2010, 12(4):236-242

Jun Qin, Wenhui You, Kun Song, et al. Does species diversity affect the function of residential greening in the Yangtze River Delta[J]. Landscape and Ecological Engineering, 2015, 11(1):129-137.

Shiqin Xu, Zhongbo Yu, Chuanguo Yang, et al. Trends in evapotranspiration and their responses to climate change and vegetation greening over the upper reaches of the Yellow River Basin[J]. Agricultural and Forest M Meteorology, 2018, 263:118-129.

Wendy Y. Chen. Environmental externalities of urban river pollution and restoration: A hedonic analysis in Guangzhou[J]. Landscape and Urban Planning, 2017, 157:170-179.

“百花迎春”景观

“踏雪寻梅”景观

“雨林奇珍”景观

“滨河长廊”景观

“苍松傲雪”景观

“层林尽染”景观

“傣乡竹韵”景观

“丹枫白露”景观

“凤凰展翅”景观

“悠悠白桦”景观

“绿海凤凰”景观

“雨打芭蕉”景观

“凤羽蓝花”景观

“滨河翠柳”景观

“枫林观色”景观

“樱花丽景”景观